U0130346

茶学应用型教材

宋代点茶文化与艺术

主　编　张　渤　叶国盛
副主编　谢寿桂
编　者（按姓氏笔画排序）
王　丽　叶国盛　杜茜雅
肖腾香　张　渤　陈　思
郑慕蓉　谢寿桂　潘一斌

复旦大学出版社

前　言

在茶的栽培、制作与品饮的历史长河中，它以不同的利用方式融入社会生活的方方面面，积淀了丰富而深厚的文化内涵。茶不仅可以提神解渴、涤荡昏烦，还能养生修心、雅志行道，是文人墨客、僧人道士喜爱的饮品，更“飞入”寻常百姓家，在待客交往、婚丧嫁娶、年节祭祀等各个场合，都有茶的身影，无愧于其国饮之誉。同时，以茶作为一个视角，可窥探人与自然、人与人之间的关联，是为精行俭德之道。

富有游艺与浪漫色彩的宋代点茶，即是国人事茶的重要方式，受到时人的喜爱，诸多与之相关的茶书、茶诗词、茶画等作品层见迭出。当今更有仿宋点茶的兴起，是现代茶文化生活的重要元素之一。而宋代点茶不仅有趣味与审美的一面，更有深刻的教育意义。古代教育有六艺，即礼、乐、射、御、书、数，其中射箭这一科目的设置颇具深意，正如《礼记·射义》说：“故射者，进退周还必中礼，内志正，外体直，然后持弓矢审固。持弓矢审固，然后可以言中，此可以观德行矣。”射箭时需内心是正的，身躯肢体是直的，内外一致，是为射手的德性。又言：“射者，仁之道也。射求正诸己，己正而后发，发而不中，则不怨胜己者，反求诸己而已矣。”意思是注重完善自我，保持正诸己的心态。践行茶事亦有此功，如点茶的学习，就得从基本的仪容仪态开始磨砺，进而是内心的一面，观照自我，达到“冲澹简洁，韵高致静”的状态。

本教材基于宋代茶叶史料文献，梳理了宋代点茶文化与历史，介绍点茶之器具与技艺，深入解读宋代点茶文化与艺术；同时，结合现代茶业形势与社会生活需求，探索点茶艺术的传承与创新，以期达到熟练习得事茶技法，涵养个人情操与道德，倡导雅致健康的生活方式，践行中华茶道精神的教学目标与理念。

本教材由武夷学院茶与食品学院院长张渤策划选题与编写大纲，与叶国盛共同主编、统稿，武夷山丹苑名茶有限公司总经理、茶与食品学院校外导师谢寿桂副主编，具体章节编写分工如下：张渤、叶国盛、谢寿桂共同编写第一章、第八章与第九章；杜茜雅编写第二章；潘一斌编写第三章；王丽编写第四章、第九章部分内容；叶国盛、陈思编写第五章；肖腾香编写第六章；郑慕蓉编写第七章。

关于宋代点茶文化与艺术的研究具有宽广的探索空间，书中难免有不妥、不尽之处，敬请方家不吝赐教。

编 者

2023 年 6 月

目 录

第一章　中国历代饮茶文化

中国是茶的故乡，也是茶文化的发源地。国人在茶叶的发现、栽培、采制与品饮过程中，作出了持续的探索与研究，使得饮茶和品茶成为人们普遍的日常生活方式和生活习惯，形成了中国人谦、和、礼、敬的价值观，从而茶也有了丰富的价值与文化。本章节梳理茶的发现与利用之历程，并介绍煎茶、点茶、泡茶等饮茶方式，以观照中国历代饮茶文化。

第一节　茶的发现与利用

中国是茶的故乡，也是茶文化的发源地。陆羽《茶经》：“茶之为饮，发乎神农氏，闻于鲁周公。”茶史悠久，其蕴含的茶文化是中国传统文化的重要元素。而今，茶已成为世界三大无酒精饮料之一，嗜好饮茶的人群遍布全球。

回溯历史，茶的发现与利用，经历了漫长的历史过程。中国是世界上最早发现与利用茶的国家，据山东邹城邾国故城西岗墓地一号战国墓茶叶遗存分析，已将茶文化起源的实物证据——茶叶残渣推前至早期偏早阶段（公元前453—前410年）。从文献方面考释，据晋人常璩（237—312）所撰《华阳国志》载：“涪陵郡，巴之南鄙……无蚕桑，少文学，惟出茶、丹、漆、蜜、蜡”，“园有芳蒻，香茗”，表明：公元前1 000多年前的周代，巴蜀一带已经有了人工种植的茶树，并用所产的茶作为贡品。西汉时期，四川成都附近已经成为重要的茶叶产区，茶已实现商品化，有“武阳买茶”之记载（王褒《僮约》）。因此，巴蜀是中国最古老的茶叶生产和消费中心，也是中华茶文化的发源地。当今的科学研究，也证明我国西南是世界山茶科茶种植物起源中心，巴蜀是人类最早发现和利用茶的地方（图 1-1）。茶的古音、古称，亦发源于当地的一些方言。明代文学家杨慎所著《郡国外夷考》则称："《汉志》：'葭萌，蜀郡名。萌，音芒。'《方言》：'蜀人谓茶曰葭萌，盖以茶氏郡也。'" 秦入蜀统一中国以后，茶逐步传播到北方（山西、陕西、河南）及长江中下游一带。

图 1-1　重庆金佛山古茶树（谭树立　供图）

虽然陆羽将茶饮历史追溯至神农氏时代，限于文献资料，只能推测当时的茶史概貌。茶叶作为野外普通的嫩叶被先民采集，与其他树叶一起煮食，当是利用茶的最早状态。久而久之，茶与其他树叶分离开来，成为一种单独煮饮的饮料。上文已提到，汉代就有人工种植茶树，并且开始买卖茶叶。至魏晋南北朝，饮茶文化进一步确立，杜育《荈赋》：

灵山惟岳，奇产所钟。瞻彼卷阿，实曰夕阳。厥生荈草，弥谷被岗。承丰壤之滋润，受甘霖之霄降。月惟初秋，农工少休。结偶同旅，是采是求。水则岷方之注，挹彼清流。器泽陶简，出自东隅。酌之以匏，取式公刘。惟兹初成，沫沉华浮。焕如积雪，晔若春敷。若乃淳染真辰，色績青霜，□□□□，白黄若虚。调神和内，倦解慵除。

文中记载了茶的生长环境、采摘、制作、烹煮、品饮等内容，可见当时茶饮文化已初步形成。

在饮茶过程中，人们逐渐发现茶对身体的作用，可使人益思、少卧、轻身、明目等。《神农食经》："茶茗久服，令人有力、悦志。"《茶经》则曰："若热渴、凝闷、脑疼、目涩、四肢烦、百节不舒，聊四五啜，与醍醐、甘露抗衡也。" 茶这一特性，与中国饮食养生思想结合，促进了茶饮风俗的传播。因此，南北朝时期，玄学盛行，道士也爱喝茶，以茶养生、修炼。一些神怪故事中出现了许多关于茶的记载，如《神异记》《续搜神记》等。在这一时期，茶与俭德有进一步的联结，陆纳秉持素业、孙皓以茶代酒、齐武帝以茶为祭品等史实，都表明了茶已不仅仅起到解渴、提神的功能，还有重要的社会功能，如待客、祭祀与习俗等，并表明个人的志向与情操。

唐代是饮茶文化兴起的时期，封演在《封氏闻见录》中说：“南人好饮之，北人初不多饮，开元中泰山灵岩寺有降魔师大兴禅教，学禅务于不寐，又不夕食，皆许其饮茶，人自怀挟到处煮饮。从此转相仿效，遂成风俗。……回鹘入朝，大驱名马，市茶而归。”茶叶大量运销北方，并逐渐成为普通百姓的日常饮料。同时，被誉为茶圣的陆羽为茶饮文化的普及作出不可磨灭的贡献，所著的《茶经》，分一之源、二之具、三之造、四之器、五之煮、六之饮、七之事、八之出、九之略、十之图等十目，全面系统地记载了中国古代发现和利用茶的历史，阐明中国是世界上茶树的原产地（图 1-2）。他在《茶经》中宣扬的陆氏茶，提倡精行俭德之道，为中国茶道奠定了理论基础。宋陈师道《茶经序》：“夫茶之著书自羽始，其用于世亦自羽始，羽诚有功于茶者也。”学者扬之水认为“饮茶当然不自陆羽始，但自陆羽和陆羽的《茶经》出，茶便有了标格，或曰品味。《茶经》强调的是茶之清与洁，与之相应的，是从采摘、制作直至饮，一应器具的清与洁。”

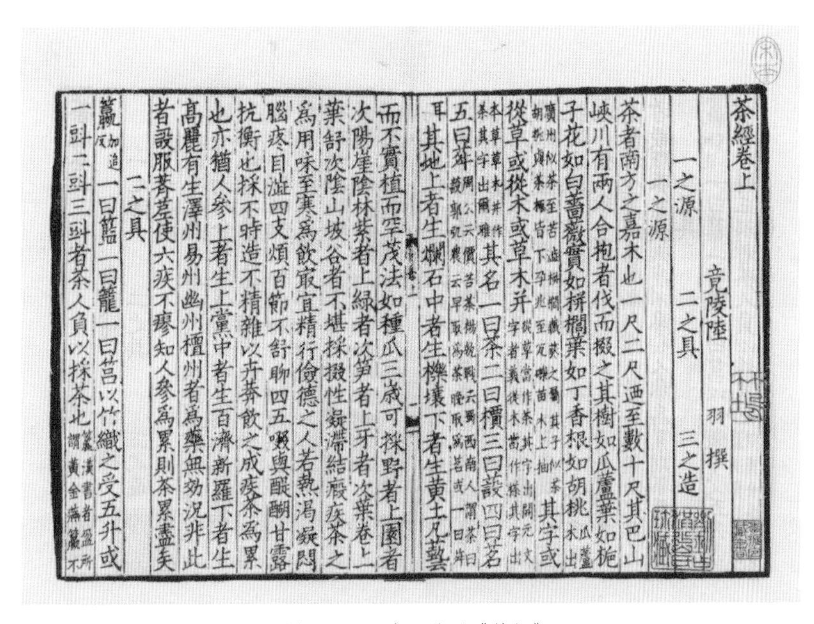
茶經卷上
竟陵陸　羽撰
一之源　二之具　三之造
一之源
茶者南方之嘉木也一尺二尺迺至數十尺其巴山
峽川有兩人合抱者伐而掇之其樹如瓜蘆葉如梔
子花如白薔薇實如栟櫚葉如丁香根如胡桃 瓜蘆木出
廣州似茶至苦澀栟櫚蒲葵之屬其子似茶 胡桃與茶根皆下孕兆至瓦礫苗木上抽 其字或
從草或從木或草木并 從草當作茶其字出開元文字音義從木當作梌其字出
本草草木并作荼其字出爾雅 其名一曰茶二曰檟三曰蔎四曰茗
五曰荈 周公云檟苦荼揚執戟云蜀西南人謂茶曰蔎郭弘農云早取為茶晚取為茗或一曰荈
耳 其地上者生爛石中者生櫟壤下者生黃土凡藝
而不實植而罕茂法如種瓜三歲可採野者上園者
次陽崖陰林紫者上綠者次笋者上牙者次葉卷上
葉舒次陰山坡谷者不堪採掇性凝滯結瘕疾茶之
為用味至寒為飲最宜精行儉德之人若熱渴凝悶
腦疼目澀四支煩百節不舒聊四五啜與醍醐甘露
抗衡也採不時造不精雜以卉莽飲之成疾茶為累
也亦猶人參上者生上黨中者生百濟新羅下者生
高麗有生澤州易州幽州檀州者為藥無効況非此
者設服薺苨使六疾不瘳知人參為累則茶累盡矣
二之具
籯 加追反 一曰籃一曰籠一曰筥以竹織之受五升或
一斗二斗三斗者茶人負以採茶也 籯漢書音盈所謂黃金滿籯不

图 1-2　〔唐〕陆羽《茶经》

在唐代，饮茶群体以僧人、道士、文人为主，而宋代则进一步向上下两层拓展。一方面是宫廷茶文化的正式出现，另一方面是市民大众茶文化和民间斗茶之风的兴起，直接扩大了饮茶群体，所谓“华夷蛮貊，固日饮而无厌，富贵贫贱，不时啜而不宁”。在上流社会，人们对斗茶玩茶乐此不疲，连皇帝也常以茶招待群臣，以示恩宠。宋徽宗赵佶著《大观茶论》，指出当时的茶业盛景：“荐绅之士，韦布之流，沐浴膏泽，熏陶德化，咸以雅尚相从，从事茗饮。”进一步推动饮茶风尚的流行。宋人吴自牧的《梦粱录》写道：“盖人家每日不可阙者，柴米油盐酱醋茶。”同时，中原茶文化通过宋辽、宋金的交往，正式作为一种文化内容传播至北方牧猎民族当中，奠定了此后上千年北方民族饮茶习俗和文化风尚，甚至使茶成为中原政权控制北方民族的一种手段，以茶治边，使茶成为连接南北的经济和文化纽带。

明清时期，时人以茶雅志，对茶品、泉品、茶客、茶空间有了更高的要求。以泉品为例，田艺蘅有《煮泉小品》一书，分源泉、石流、清寒、甘香、宜茶、灵水、异泉、江水、井水、诸谈等十节，特别论述用水与烹茶之间的紧密关系。文人李日华在他的《味水轩日记》时常记录他的饮茶生活，茶品丰富，择水讲究，如万历三十七年（1609）七月二十二日，记云：“海上僧量虚来，以普陀茶一裹贻余。余遣僮棹舟往湖心亭挹取水之清澈者，得三缶，瀹之良佳。”可见当时文人对瀹茶用水品质不遗余力的追求。

制茶技术方面，这段时期得到新的发展，炒青工艺的成熟、发酵工艺的创制，使得茶类持续丰富，绿茶如松萝茶、岕茶、虎丘茶、龙井茶等名品各有千秋；乌龙茶、红茶的创制发展出新的茶叶风味：“武夷山各峰山石俱产茶。至春分后，日采嫩芽。此芽有天然香气，加之工夫，炒做得法，自然与他茶不同。别处茶叶皆青，惟武夷茶叶青红兼之，叶泡十日亦不烂。其味兰香鲜甜，不苦不涩。”（朱绅《朱佩章偶记》）同时，中国茶借着东西方交流之潮，以商品的角色沿万里茶道、海上茶叶之路传至西方，实现中国茶叶文明的普适价值，在西方人的生活中扮演重要角色，逐渐成为世界之饮。

数千年以来，人类利用茶资源的基本方式是采集芽叶，加工成各类成品茶。然而，进入 21 世纪以来，现代分离纯化技术的不断创新、医学与茶学学科的发展，茶的功效与作用机制不断得到科学阐明。2022 年，“中国传统制茶技艺及相关习俗”列入联合国教科文组织人类非物质文化遗产代表作名录，标志着中国茶文化已成为全人类文明共同的文化瑰宝。随着茶科技、茶文化与茶产业得到积极的统筹与融合，茶的利用方式日益多元化，进入饮茶、吃茶、用茶、赏茶并举的新时代。

第二节　历代饮茶方式与文化

历史学者孙机将我国的饮茶法分三个阶段。第一阶段是西汉至六朝的粥茶法，第二阶段是唐至元代前期的末茶法，第三阶段是元代后期以来的散茶法。粥茶法，指的是煮茶与煮菜汤类似，即皮日休《茶中杂咏·序》所言：“季疵以前，称茗饮者必浑以烹之，与夫瀹蔬而啜者无异也。”此类分法，重点关注茶的形态特征。末茶法，需要将紧压成饼或块状的茶碾磨成末，再煎煮或点饮。散茶法，无需将茶碾磨成末，可直接将散开的叶茶投入壶或盖碗中，以沸水冲泡。另外一种分类方式——煮茶、点茶与泡茶——注重的是手法或方式。

而这些饮茶方式是基于普遍特征的一种主流观照，也非时代专利。陆羽《茶经》征引《广雅》，文曰："荆、巴间采叶作饼，叶老者，饼成以米膏出之。欲煮茗饮，先炙令赤色，捣末置瓷器中，以汤浇覆之，用葱、姜、橘子芼之。其饮醒酒，令人不眠。"可见，唐以前就有类似冲泡、调饮的饮茶方式。又如，在西南地区，烤茶一类的如龙虎斗、罐罐茶之类的习俗也屡见不鲜。因此，本节介绍的是中国历代饮茶的主要方式，但也不能忽视历史悠久且深入社会生活中的传统茶俗。

一、煮茶法

唐以前就已盛行的煮茶法是把葱、姜、枣、橘皮、茱萸、薄荷等一并与茶共煮，陆羽认为这种方法煮出来的茶"斯沟渠间弃水耳，而习俗不已"。为了使煮茶法尽善尽美，满足茶人对"珍鲜馥烈"的追求，陆羽在《茶经》"四之器""五之煮"中详列了煮茶的器具，介绍了一套完整的煮茶程序与要点，大致分为炙茶、碾茶、罗茶、择水、取火、候汤、煮茶、分茶、啜饮、清洁、归置等（图 1-3）。

图 1-3　〔唐〕陆羽煮茶三彩器

炙茶，既可提香，也为了烘干茶饼以便于碾研，方法见《茶经》："凡炙茶，慎勿于风烬间炙，熛焰如钻，使炎凉不均。持以逼火，屡其翻正，候炮出培塿，状虾蟆背，然后去火五寸。卷而舒，则本其始又炙之。若火干者，以气熟止；日干者，以柔止。"用竹夹将茶饼取出，放在火上炙烤，经常翻动使茶饼受热均匀。烤好后要趁热包在纸囊中，以免香气散失。将炙烤过的茶饼，用茶碾碾磨，随后过筛，经罗筛过的茶末颗粒均匀细碎。细碎程度有一定的要求："末之上者，其如细米。末之下者，如菱角。"

水质对茶汤的质量影响尤为关键，陆羽择水的标准是："用山水上，江水中，井水下。山水，拣乳泉、石池慢流者上。其瀑涌湍漱勿食之……其江水取去人远者，井取汲多者。"

讲究水的清、洁和活。张大复《梅花草堂笔谈》也说："茶性必发于水，八分之茶遇水十分，茶亦十分矣。八分之水试茶十分，茶只八分耳。"肯定了水的重要性。

候汤，是精细把握水沸的程度："其沸，如鱼目，微有声，为一沸。缘边如涌泉连珠，为二沸。腾波鼓浪，为三沸，已上水老，不可食也。初沸，则水合量，调之以盐味，谓弃其啜余。"一沸加盐调味；二沸舀出一瓢水，而后投茶末并搅动；三沸腾波鼓浪时加入二沸所取之水，止沸育华。三沸以上则"水老"，初沸则"水嫩"，二者均不利于茶汤滋味的形成。煮茶过程中，需要"育华"，即培育汤花，陆羽将汤花比喻为枣花、青萍、浮云、苔藓、菊花、积雪等，将汤花之美展现得淋漓尽致。

煮好后，用瓢将茶汤分至碗中，"凡酌置诸碗，令沫饽均。沫饽，汤之华也"。饮茶时，需趁热饮完，因为热的时候精华浮在上面，若茶冷了，精华会随热气散失。同时，陆羽认为"第一煮水沸，而弃其沫，之上有水膜，如黑云母，饮之则其味不正。其第一者为隽永，或留熟盂以贮之，以备育华救沸之用。诸第一与第二、第三碗次之。第四、第五碗外，非渴甚莫之饮"，他品的是茶之精华，第四、第五碗后茶味寡淡，已非陆羽品饮的范围了。

"茶性俭，不宜广"，陆羽认为："夫珍鲜馥烈者，其碗数三；次之者，碗数五。若坐客数至五，行三碗；至七，行五碗。"碗数与客数并不对等，因为饮茶人数不宜多，多则嘈杂，更失品饮之意境。又，在"九之略"中提到，在"松间石上""瞰泉临涧"的环境可省略一些茶器，说明茶事活动可以选在室外幽静环境开展。陆羽提出的唐代饮茶的要求和规则，奠定了中国茶道的基础，开创了品茶由粗放煮饮向精细品茶方向转变的先河。

另有煎茶一法。煎茶，是更具有文人意义的饮茶方式。它与煮茶法的不同在于烹煮茶的用器。煮茶用鍑，分茶时以瓢分酌。煎茶则用铫，如元稹有"铫煎黄蕊色，碗转曲尘花"句。铫有流，可直接倒出茶汤，故分茶时不需用瓢。

二、点茶法

到了宋代，饮茶已经非常普遍，还形成了具有典雅精致的点茶艺术与竞争乐趣的斗茶文化。点茶法在宋代经典茶书有规范表述，《茶录》有"点茶"一目，《大观茶论》亦有"点"一节。它是僧人的修行方法，苏轼旁观南屏谦师的点茶技艺，作诗赠之，云"道人晓出南屏山，来试点茶三昧手"，三昧即专注、专心之意。点茶需止息杂念，心平神定。它也是文人喜爱的饮茶方式，毛滂收到友人寄来的龙凤团茶，作诗酬谢："旧闻作匙用黄金，击拂要须金有力。家贫点茶秪匕箸，可是斗茶还斗墨。"

点茶，是团茶或者草茶经过碾研成末后，置于茶盏，以汤瓶边点注沸水，边以茶匙或茶筅击拂而后品饮。点茶大体分为三个阶段：备茶阶段，炙茶、碾茶、罗茶；煮水阶段，候汤；点茶阶段，置茶、调膏、注水、点茶、吃茶。具体细节，后续章节将作介绍，此处不再赘述。

斗茶，滥觞于五代时期的文人"汤社"，记载于陶谷《清异录》，云："和凝在朝，率同列递日以茶相饮，味劣者有罚，号为汤社。”范仲淹《和章岷从事斗茶歌》再现当时场景：“北苑将期献天子，林下雄豪先斗美。”“斗茶味兮轻醍醐，斗茶香兮薄兰芷。其间品第胡能欺，十目视而十手指。胜若登仙不可攀，输同降将无穷耻。”斗茶的要点主要是：茶质的优劣，茶色的鉴别，点茶技术的高下。

分茶，上文已提到，唐代时就有分茶，煎茶时一边加热，一边在鍑中加工茶汤，培育汤花。至宋代，分茶有新的含义，在点茶法的基础上更具有游艺性质。杨万里《澹庵坐上观显上人分茶》：“分茶何似煎茶好，煎茶不似分茶巧。”巧，言其法之精巧。点茶者运用汤瓶和茶匙在茶汤表面绘出禽兽虫鱼花草等各种图案，即幻出物象。

三、泡茶法

明代的饮茶风尚，因散茶成为主流，煮茶、点茶的用具被弃之一旁，以壶冲泡叶茶成为主要饮茶方式，许次纾《茶疏·烹点》记录了泡茶的方式：

> 未曾汲水，先备茶具。必洁必燥，开口以待。盖或仰放，或置瓷盂，勿竟覆之案上，漆气食气，皆能败茶。先握茶手中，俟汤既入壶，随手投茶汤，以盖覆定。三呼吸时，次满倾盂内，重投壶内，用以动荡香韵，兼色不沉滞。更三呼吸顷，以定其浮薄，然后泻以供客，则乳嫩清滑，馥郁鼻端，病可令起，疲可令爽，吟坛发其逸思，谈席涤其玄衿。

由于不再需要盏中击拂茶末，而改用容量较小的茶杯，饮茶杯特重白瓷，泡茶壶则喜宜兴紫砂或朱泥茶壶（图 1-4、图 1-5）。文震亨《长物志》指出紫砂壶的优质特性，言：“茶壶以砂者为上，盖既不夺香，又无熟汤气。”指出使用紫砂壶泡茶的妙处。紫砂气孔分成开口气孔与闭口气孔，这样特殊的结构，使它具有良好的透气性。冯可宾《岕茶笺》以

图 1-4　紫砂壶提梁壶（明嘉靖年间，南京市博物馆藏）

图 1-5　掇球紫砂壶（清嘉庆道光年间）

图 1-6 〔明〕文徵明《品茶图》

为："茶壶，窑器为上，又以小为贵，每一客壶一把，任其自斟自饮，方为得趣。何也？壶小则香不涣散，味不耽搁。"小壶的使用提升了饮茶的趣味，且能聚香，保留茶的本味。

明代茶道程序由繁变简，但仍强调水质、茶具、茶叶俱佳，并要"造时精，藏时燥，泡时洁"，以至茶道。同时，对饮茶空间有了更进一步的要求，讲求清幽雅静，品饮以客少为贵，"一人得神，二人得趣，三人得味，七八人名施茶"，也追求志同道合的茶友："惟素心同调，彼此畅适，清言雄辩，脱略形骸，始可呼童篝火，酌水点汤。"这样的饮茶场景，在沈周《品茶图》、文徵明《品茶图》《惠山茶会图》、陈洪绶《品茶图》《停琴品茗图》中，皆有生动的刻画。文徵明《品茶图》(图 1-6）更有题诗，与画面相映衬："碧山深处绝纤埃，面面轩窗对水开。谷雨乍过茶事好，鼎汤初沸有朋来。"

制茶工艺的革新，为更多的茶叶风味产生提供可能。饮用方式与茶叶风味的呈现需要相交互映。工夫茶泡法，即小壶泡法，则适宜明清时期发展起来的乌龙茶。清代文人袁枚曾记载一次品茶体验：

杯小如胡桃，壶小如香橼，每斟无一两。上口不忍遽咽，先嗅其香，再试其味，徐徐咀嚼而体贴之，果然清芬扑鼻，舌有余甘。一杯之后，再试一二杯，令人释躁平矜，怡情悦性，始觉龙井虽清而味薄矣，阳羡虽佳而韵逊矣，颇有玉与水晶品格不同之故，故武夷享天下盛名，真乃不忝，且可以瀹至三次，而其味犹未尽。

小杯小壶，用其冲泡、品饮武夷茶，效

果不同，袁枚亦一改对武夷茶味浓苦如药的印象。后来他写《试茶》诗："道人作色夸茶好，瓷壶袖出弹丸小。一杯啜尽一杯添，笑杀饮人如饮鸟。……我震其名愈加意，细咽欲寻味外味。杯中已竭香未消，舌上徐停甘果至。"以小壶泡武夷茶，感受到茶汤香醇回甘的特征。

闽南、潮汕一带流行工夫茶，是这类泡茶法的精细化艺术。清人高继珩《蝶阶外史》记"工夫茶"，闽中最盛："壶皆宜兴沙质，龚春、时大彬，不一式。每茶一壶，需炉铫三候汤，初沸蟹眼，再沸鱼眼，至联珠沸则熟矣。""第一铫水熟，注空壶中，荡之泼去；第二铫水已熟，预用器置茗叶，分两若干，立下壶中，注水，覆以盖，置壶铜盘内；第三铫水又熟，从壶顶灌之，周四面，则茶香发矣。瓯如黄酒卮，客至每人一瓯，含其涓滴咀嚼而玩味之。若一鼓而牛饮，即以为不知味。"蟹眼、鱼眼比喻水沸时的气泡，古人据此观察水沸之程度。煎茶重在煎水，旧出巴蜀地区，"活水还须活火烹"。自唐而明，文人煎茶之道得到良好的传承。

无论煎茶、点茶，以至明清以后泡茶之流，都具有文人雅致清和的韵味，是中国茶道的载体。当今，随着各类茶产品、茶具的开发与研制以及社会习惯的变迁，饮茶方式也变得多样，调饮、冷泡、冰萃、速溶等，都是茶饮生活中新的元素。

思考题

1. 煮茶法与煎茶法的区别是什么？
2. "一杯啜尽一杯添，笑杀饮人如饮鸟"，说的是哪种饮茶方式？
3. 时至当今，茶的饮用方式有哪些新的方向？

第二章　宋代茶业概述

茶兴于唐，而盛于宋。继唐之后，宋代迎来茶业发展史上第二个高峰，在茶叶栽植加工技术、茶叶经济和茶文化等方面取得诸多发展。茶叶栽植加工技术方面，茶树栽培、茶园管理和茶叶制作等技术进一步完善；茶叶经济方面，发达的茶叶运销体系建立，茶政茶法因时制宜调整，贡茶愈发盛行，茶马贸易制度施行并成为一项定制；茶文化方面，点茶、分茶和斗茶等茶事活动兴盛，都市城镇茶肆林立，有关茶叶的典籍和文艺作品层出不穷。

第一节　茶叶生产概况

相较于前代，宋代茶叶生产和制作技术有了新的发展和进步。宋代的茶农对茶树与自然条件的关系有更加科学的认识，重视茶树种质资源，改进茶园管理技术，于茶园中施行“开畲”这一深耕除草技术，以及桐木与茶树间作等模式的茶园间作技术。宋代团饼茶制作技艺更加精细复杂，在唐代基础上增加了“拣芽”“榨茶”“过黄”等工序，造型上亦更为精美。除此之外，南宋初期进一步发展了炒青散茶制作技术，散茶生产加工的专业化程度得到提高。

一、茶业中心的转移

宋朝时期，由于气候变化及贡焙南移的影响，茶叶的生产制作中心向南转移，由此带动南方地区茶业发展。再加之宋北方人口大量南迁，促进了南方经济发展，带动了我国南部地区茶产业的持续发展。

宋代茶业中心转移包含两个层面的内容：一是宋代气候变化，贡焙南移至建安北苑，茶叶生产重心就此南移；二是随着宋代贡焙的南移，茶叶生产技术中心也向南移。唐代，朝廷的贡焙设在顾渚，茶叶生产和制作中心在浙江西部湖州一带。到了宋代，我国东部地区气候发生变化，整体气温较唐代低2—3℃，气温的降低使得北部临界地区茶树受到冻害，茶叶生长种植区域整体南移，茶树种植北界南移至秦岭淮河以南地区。相较于江浙地区，建州所处的地理位置更南，其茶树发芽较早，可以率先制作完成，赶在清明前贡至京都，宋代诗词中多有这些史实的描写，如"北苑将期献天子，林下雄豪先斗美""建安三千里，京师三月尝新茶"。贡焙和茶叶制作技术中心的南移，带动了我国南部地区茶业的发展。

二、茶树栽培与茶园管理

茶树品种与茶叶品质息息相关，在崇尚斗茶的宋代，为生产优质好茶，人们开始了解茶树品种，从而寻找其中品质优良者。宋子安《东溪试茶录》中系统介绍了茶树性状特征，将建州茶树按照不同性状划分："一曰白叶茶，民间大重，出于近岁，园焙时有之……次有柑叶茶，树高丈余，径头七八寸，叶厚而圆，状类柑橘之叶……三曰早茶，亦类柑叶，发常先春，民间采制为试焙者。四曰细叶茶，叶比柑叶细薄……五曰稽茶，叶细而厚密，芽晚而青黄。六曰晚茶，盖稽茶之类，发比诸茶晚，生于社后。七曰丛茶，亦曰蘖茶，丛生，高不数尺，一岁之间，发者数四，贫民取以为利。"这七种茶，基本上是根据茶的树形、叶色、叶形、发芽早晚等方面划分的。该段文字是古代对地方茶树品种最早的分类记载。一方面反映了建州一带丰富的茶树种质资源，另一方面则反映了茶农于茶事中敏锐的观察与劳动智慧。明清以后，茶树育种工作得到长足的进步，可为满足茶叶生产发展需求而培育优质的茶树品种，促进生产的发展并满足市场的需求，是茶业发展的重要基础（图2-1）。

宋代茶树栽植方式为种子播种法，即"丛直播"方式，但民间也有对茶树进行移栽的情况。宋代王敏《紫云平植茗灵菌记》摩崖石刻就记载了其与父兄将建茶移植栽种在四川达州的事件，"前代王雅与令男王敏，得建溪绿茗，于此种植，或复一纪，仍喜灵根，转增郁茂"，"分得灵根自建溪"。从其中"灵根""郁茂"可以看出，茶树是移植而来，并且移植的茶叶成功存活。

两宋时期，时人对茶树栽植环境条件认识更为深刻具体。早在晋代杜育《荈赋》中就有对茶树生长环境和条件的描述，"灵山惟岳""承丰壤之滋润，受甘露之霄降"。唐代陆

图 2-1　不同茶树品种

羽更加认清了茶叶品质与地理环境之关系，“其地，上者生烂石，中者生砾壤，下者生黄土”“野者上，园者次。阳崖阴林，紫者上，绿者次，……阴山坡谷者，不堪采掇”，可见宋代之前人们已经认识到茶叶品质受到地势、气候、温度、土壤、植被、光照等自然条件的影响。到了宋代，有关茶树生长环境的论述更加普遍，如宋徽宗赵佶《大观茶论》：“植产之地，崖必阳，圃必阴。盖石之性寒，其叶抑以瘠，其味疏以薄，必资阳和以发之。土之性敷，其叶疏以暴，其味强以肆，必资阴以节之。”对茶树的生长环境作一说明，若茶树植在山上，要选择阳光可以照到的地方，即山的阳面，平地的话需要遮阴。又如赵汝砺《北苑别录》的记载：“每岁六月兴工，虚其本，培其土”及“以导生长之气，而渗雨露之泽”，表明茶树生长对水分的需求。宋子安《东溪试茶录》除了阐述海拔、光照的内容，还有土壤方面的，如“茶宜高山之阴，而喜日阳之早”“茶多植山之阳，其土赤埴，其茶香少而黄白”“沙溪去北苑西十里，山浅土薄，茶生则叶细，芽不肥乳”云云。可见，对茶树生长环境，在我国古代，人们就有了比较全面深刻的认识，从温度、湿度、光照、土壤、水分多个方面探寻适宜茶树生长的条件。

宋代的茶园管理技术有了新的发展，针对茶园中杂草丛生问题，提出了“开畬”这一松土除草技术。《北苑别录》中有《开畬》一目：“草木至夏益盛，故欲导生长之气，以渗雨露之泽。每岁六月兴工，虚其本，培其土，滋蔓之草、遏郁之木，悉用除之，政所以导生长之气而渗雨露之泽也，此之谓开畬。”开畬选在每年六月草木生长最旺盛的时候，在此时将园中杂草除去，且“杀去草根，以粪茶根”，即将草作为滋养茶树的肥料。如果是私人茶园的开畬，则夏半、初秋各一次，因此私家茶园里的茶树生长更好。直到现在，我国山区仍延续了“开畬”这一技术，如茶谚所说的“七挖金，八挖银，九冬十月了人情”。

当时的建州地区还推行茶园间作技术，《北苑别录》：“桐木之性与茶相宜，而又茶至冬则畏寒，桐木望秋而先落；茶至夏而畏日，桐木至春而渐茂。”对于种植在丘陵的灌木型茶树来说，夏季多太阳直射，桐木间作则可以有效减少直射光，使茶叶得到荫蔽。入秋以后，桐木的落叶覆盖茶园表面，又可以防护茶树减少茶树冻害。因为桐木的特性和茶树相宜，便将茶园中的桐木保留了下来。据现有史料记载，唐代就存在茶园间作这一技术，韩鄂《四时纂要》记载：“二月种茶。……此物畏日，桑下竹阴地种之皆可。……四面不妨种雄麻黍稷等。”茶园间作形式延续至今，并有了更深层次的科学研究，成为我国当代生态茶园建设的重要组成部分。随着经验积累以及科学研究发展，茶叶科学工作者不断探索多种茶园间作模式，如果树有杨梅、桃子、枇杷、柑橘、板栗、梨等；经济作物有桐树、桑树、杨树、樟脑等；农作物有大豆、玉米、高粱、苜蓿等（图 2-2）。与单作茶园相比，进行合理间作可以优化茶园土壤养分、改善茶园生态环境、调节茶园小气候以及增加茶农经济收入等。从唐宋时期延续至今的茶园间作形式，体现了人与自然和谐相处的生态智慧。除此之外，我国古代人民在茶树栽植的诸多环节都实践着天人合一的生态文明理念，这在我国古代茶书中多有体现，如顺应茶树生长规律、精进茶园管理技术、茶叶采摘得时等。

图 2-2　茶园间作

三、茶叶加工技术

茶叶加工技术的发展是提升茶叶品质的关键因素。宋代茶叶制作的面貌主要有两个方面的表现：一是以北苑贡茶为代表的团饼茶的制作技艺发展到极致；二是只蒸不研、研而不拍的散茶生产在民间逐渐发展起来。根据《北苑别录》中对北苑贡茶加工技术的记载，宋代团饼茶加工工艺主要有采茶、拣茶、蒸茶、榨茶、研茶、造茶、过黄七个步骤。总体来说，宋代团饼茶的制作工艺复杂精细，要求较高，而散茶的工艺要简易得多，便于量产，价格较低，其制作早在宋代以前，唐代刘禹锡《西山兰若试茶歌》："山僧后檐茶数丛，春来映竹抽新茸。宛然为客振衣起，自傍芳丛摘鹰嘴。斯须炒成满室香，便酌砌下金沙水。"是为炒青散茶的记载，且民间有庞大的饮用散茶群体。南宋时期，散茶迅速发展并逐渐代替饼茶的主流地位。到了宋末元初，饼茶只保留其贡茶属性，在民间比较罕见，茶业生产正式转变为以散茶为主的局面。

四、地方名茶

宋代名茶众多，有近百种之多，其中北苑贡茶得益于丁谓、蔡襄二人的改制和宣扬而独领风骚，制作也愈加精良，其精美奢华程度达到巅峰。《宣和北苑贡茶录》记载："太平兴国初，特置龙凤模，遣使即北苑造团茶，以别庶饮。"太平兴国三年（978），宋太宗即位之初，即派专人到建州北苑制造专供皇室贵族饮用的龙凤团茶，以此和平民饮用的茶叶相区别，开辟了官府派专人督造团茶的形式。太平兴国初年，宋代北苑贡茶只造龙凤团茶一种，而后又造石乳、的乳、白乳、小龙团、密云龙、瑞云祥龙和三色细芽等40余种，名目繁多，每次后者一出，前者便沦为其下。

宋代虽仍以团饼茶为主，但北宋时期散茶就已在江南地区出现，主要流行于平民百姓之中。欧阳修《归田录》中记载："腊茶出于剑、建，草茶盛于两浙。两浙之品，日注为第一。自景祐（1034—1038）以后，洪州双井白芽渐盛，近岁制作尤精，……其品远出日注上，遂为草茶第一。"这里的"腊茶"指的是团饼茶，"草茶"指的是散茶。欧阳修的记述说明了在北宋景祐前后，社会上就已经出现了散茶，且各地生产草茶技术有高下之分，说明早在北宋散茶就有了专业化的生产，制作工艺也十分成熟。除日注、双井之外，全国各地还生产有诸多名茶，如福建武夷茶、江苏虎丘茶、四川峨眉白芽茶等（表2-1）。

表2-1　宋代名茶一览表

茶名	产地
建茶（又名北苑茶、建安茶）	建州建安（现福建建瓯市）
武夷茶	建州崇安（现福建武夷山市）
方山露芽	福州闽县（现福建福州市闽侯县）
日铸茶（又名日注茶）	越州会稽、山阴（现浙江绍兴市）
瑞龙茶（又名卧龙茶）	越州会稽、山阴（现浙江绍兴市）
花坞茶	越州会稽、山阴（现浙江绍兴市）
径山茶	临安府余杭县（现浙江杭州市余杭区）
宝云茶	临安府钱塘县（现浙江杭州市）
龙井茶	临安府钱塘县（现浙江杭州市）

续表

茶名	产地
天台茶	台州天台县（现浙江天台市天台县）
白云茶（又名龙湫茗）	临安府钱塘县（现浙江杭州市）
双井茶（散茶，又名洪州双井、黄隆双井、双井白芽）	洪州分宁（现江西九江市修水县）
袁州金片（又名金观音茶）	袁州宜春（现江西宜春市）
岳麓茶	潭州浏阳（现湖南浏阳市）
芭蕉茶	衡州耒阳县（现湖南耒阳市）
云山茶	武冈军武冈县（现湖南邵阳市武冈县）
巴东真香	归州巴东（现湖北恩施自治州巴东县）
六安龙芽	寿州六安县（现安徽六安市）
信阳茶	信阳军信阳（现河南信阳市）
蜀冈茶	扬州江都县（现江苏扬州市江都区）
洞庭山茶、水月茶	平江府吴县（现江苏苏州市）
蒙顶茶	雅州名山（现四川雅安市名山区）
邛州茶	邛州临邛（现四川邛崃市）
峨眉白芽茶（散茶，又名雪芽）	嘉州峨眉（现四川峨眉山市）
青城茶（又名鸟嘴、雀舌、横芽）	永康军青城（现四川都江堰市）
修仁茶	桂州修仁（现广西桂林市永福县）

资料来源：刘勤晋，《茶文化学》（第三版），中国农业出版社，2014年版，第64—66页。

第二节　茶政与茶法的施行

宋朝鉴于茶叶专卖对保障国家税收的重要性，茶叶从生产、运输到销售的诸多环节受到国家政策的严格管控，严禁私自买卖，牢牢将茶叶的交易掌握在政府手中。榷茶法等一系列茶法的颁布和茶马贸易制度的推行，维护了社会稳定，保障了财政收入，促进了两宋及西北、西南边境地区社会政治、经济和文化的发展。

一、茶叶运销体系

唐代，由于社会生产力的发展以及对茶叶需求的日益增长，茶叶生产随之迅猛发展，以茶为生的茶农数量骤增，茶叶市场规模逐渐扩大。到了宋代，政府在茶叶产销各个环节设置不同的管理机构，以控制茶叶市场，并设置了东南地区茶叶运销路线和西南地区茶叶运销路线，建立起比唐代更发达的茶叶运输销售网络。

东南地区是茶叶主产区，所产茶叶通过十三山场和六榷货务经由水陆交通输送至我国中原地区、北方地区、西北地区及海外。崇宁元年（1102），全国设置蕲州的王祺、洗马、石桥，寿州的霍山、麻布、开顺，庐州的王同，黄州的麻城，光州的子安、光山、商城，舒州的太湖、罗源，总共13个山场归政府直接控制。园户向山场领取本金从事茶叶生产，制成的茶叶抵扣本金和缴税之后，剩下的再卖给政府。政府又设置蕲州的蕲口、江陵府、真州、海州、无为军、汉阳军六个榷货务。商人只能从榷货务购买茶引，然后以茶引为凭据到指定的山场或者榷货务领取茶叶，再运到不禁榷的地方销售。东南地区茶叶有东西两条路线，充分利用陆路和水运优势将茶叶运至汴京。东线为运输主线，茶叶由真州、扬州入运河，北经高邮、楚州、泗州转汴河经宿州、应天、陈留抵汴京。西线为从庐州、寿州陆运，然后分两路，一路从寿州出来之后，入颍河，西出正阳镇再顺流北上，经陈州入蔡河往汴京；另一路出寿州，入淮河，东经荆山镇，再入涡水经亳州、太康入蔡河到汴京。这两条路线结合水运和陆运的优势，缩短了茶叶运输路程。

茶叶运销体系中的西南地区主要为川陕地区。川陕地区茶叶禁榷前基本在境内流通，很少出境。熙宁七年（1074）政府对两川禁榷后，在成都府、利州路、梓州路建立卖茶场，在秦熙一带设置卖茶场，将茶运往西北地区市马，改变了之前以草市镇作为集散中心再将茶叶运往其他地区贩卖的格局，茶场成为茶叶集散中心。这些茶叶集中到成都后再运往熙河等西北地区，易马或者出售。川陕四路除了境内销售，还将茶叶运往西北西南少数民族地区销售。

此外，宋代商品经济的发展、指南针在航海的应用和造船技术的提高推动海上贸易繁荣，茶叶经由海上丝绸之路输送到日本、东南亚、西亚、非洲等地，主要输出港口为广州、宁波、泉州、杭州，其中泉州港是宋代茶叶输出的最大港口。

二、贡茶制度

贡茶制度是我国土贡制度的重要内容，有利于维系中央与地方政治、文化交流。贡茶起源最早可以追溯至西周时期，至唐宋时期方形成一套完整而稳定的制度体系。据《华阳国志・巴志》记载，周武王攻克殷地后，巴蜀为表忠心向武王纳贡，纳贡物品之一为茶叶，“土植五谷，牲具六畜。桑、麻……茶、蜜、灵龟……鲜粉，皆纳贡之”。唐代中期以后，顾渚山紫笋茶的入贡逐渐形成制度。唐中央政府于湖州和常州交界处设立顾渚山贡茶院，开启了官府督造贡茶的形式。顾渚紫笋、蒙顶石花和阳羡茶是唐代贡茶中的名品。

宋初承袭唐代贡茶制度，但受气候变化影响，贡焙由唐时顾渚南移至建安北苑。宋代贡茶制度大致有两种形式，与唐时相差无几。一是选择适合茶树生长且交通便利的地区，由朝廷直接设立贡茶院，并派专人前往督造贡茶，如“北苑龙焙”；二是朝廷选择茶叶品质优异的地区，令其定额纳贡。

宋代贡茶产地主要集中于建安北苑，此地茶叶品质为当时天下茶之最。北苑贡茶的原料品质极高，从采摘时间来看，最佳者为社日（春分前后）所采摘的芽叶，据《宋史·食货志》记述，“建宁腊茶，北苑为第一，其最佳者曰社前，次曰火前，又曰雨前”。

宋代贡茶名目繁多，制作愈加复杂精良。朝廷对北苑贡茶的大力提倡，刺激了福建路历任地方官，如丁谓和蔡襄等，改进贡茶品质样式的热情，《宣和北苑贡茶录》中记录有诸多贡茶品目，“庆历中，蔡君谟将漕，创造小龙团以进……自小团出，而龙凤遂为次矣。元丰间，有旨造密云龙，其品又加于小团之上。……以白茶与常茶不同，偶然生出，非人力可致，于是白茶遂为第一。……既又制三色细芽……自三色细芽出，而瑞云翔龙顾居下矣”，每次后者一出，前者便沦为其下。《宋史·食货志》亦载：“龙凤团饼太平兴国始置，大观（1107—1110）以后制愈精、数愈多，胯式屡变，而品不一。”从中可见北苑贡茶不断推陈出新，制作也愈发精细。

贡茶制度是中国封建礼教的象征，虽然宋代贡茶的制作极尽穷奢极侈之风，但加强了中央与地方政治、文化间的交流，推动了我国茶业科学和技术的发展，将我国茶学研究和茶叶制造技术、品饮技艺及工艺审美推向新的高峰。

三、榷茶法

榷茶法是一种茶叶专卖制度，实际上也是一种茶叶税制。“榷”即专卖的意思，政府在禁榷的地区设榷场，对茶叶贸易进行严格控制。榷茶法的施行，始于唐代。唐贞元九年（793）开始征收茶税，每十税一。文宗大和九年（835），规定茶的生产贸易完全由官方垄断。宋代榷茶法通过政府和种茶园户之间以及政府和商人之间两个方面进行，并通过刑律保障榷茶制度的实施。政府以较低的价格从园户手中收购茶叶，再以高价卖给商人，从中政府获得可观的利益，因此以后园户和商人与政府间的斗争不断。

宋初政府设立六个榷货务和十三山场，以严格管理茶叶买卖；又对境内的淮南茶实行禁榷，在茶叶生产和流通环节均严格把控。首先，政府给予种植茶园户在山场植茶的资格，并给予其一定的本金。待茶叶种植完成，政府收取本金和缴纳税钱部分。此时，政府和园户是领导与被领导的关系。商人若要购买茶叶，需要到京师榷务府购买茶引，凭茶引到政府指定的各地榷货物或者淮南的十三山场购买茶叶。此制度的施行，不仅购买茶叶的地区有所限制，售卖茶叶的地区也要在政府设定好的区域之内。太平兴国二年（977），政府对茶法进行调整，统一了南北榷茶制度。

尔后，为了使榷茶法更适应社会发展，宋政府不断对其进行改革，尤其在东南地区，茶法变动频繁，前后经历了贴射法、交引法、三说（税）法、四说（税）法、现钱法、水磨茶法、政和茶法等。宋代茶法历经多次变革，其主要目的是政府控制及调节茶的产销环节，增加茶利收入，并满足政治、军事方面的某种特殊需要。

淳化二年（991），一度废止榷货务，实行贴射法，指商人贴补缴纳官府买卖茶叶应得的净利息后，允许商人直接向种茶园户采购茶叶进行贩卖。贴射法下，商人可以直接到茶叶产地同园户进行交易，政府对茶叶贸易管控相对放松，又称“通商法”。

交引法施行于淳化四年（993）。因西北战事频繁，物资匮乏，为解决西北军需问题，便招募商人向西北地区输纳粮食等物资来换取茶引，商人再带着茶引回到京师换取茶叶或者金银、食盐等，这种方法同时可能会带动西北等边境地区的荒地开垦，对促进西北地区经济社会发展有一定的积极意义。

三说法和四说法，又称三分法和四分法，即将茶价按十分计算，三分法为四分支付香药，三分支付犀牛角、象牙，三分支付茶引；四分法为六分支付香药、犀牛角、象牙，四分支付茶引。为了解决三分法、四分法引起的富商大贾囤积居奇、高抬虚估行为，解决宋朝财政不稳定的安全隐患，景祐三年（1036）开始实行现钱法。元丰四年（1081）建立水磨茶法，史称“元丰法”。自此之后，水磨末茶被列入朝廷垄断经营的范畴，官营水磨成为北宋榷茶的衍生机构，茶商需从山场取得茶引后，至官营水磨茶场获取末茶，在京城内售卖。据《宋史·食货志》记载，水磨末茶是宋代末茶主流，也是宋朝财政收入的主要来源之一，后于政和年间叫停。政和二年（1112），蔡京推行政和茶法，政府不过分干预园户和商人的生产经营自主权，允许商人和园户直接贸易，但是又对双方加强控制，实行更严密的管控，保障国家在利益分配上占有最大份额。

宋代榷茶法的施行不同地区之间有差异，其中东南地区变革频繁。乾德三年（965），据《续资治通鉴长编》中记载：“榷蕲、黄、舒、庐、寿五州茶，置十四（山）场。”此十四山场实行禁榷制。太平兴国二年（977）和三年（978），江南地区推行禁榷。至此，唯有川陕、广南地区仍可自由买卖。到了熙宁七年（1074），川陕一带设提举司，以川茶换取边马，实行禁榷；东南地区则行通商法，茶叶可以自由买卖。宋代的榷茶法不断因时制宜改革，以调和商人、园户和政府之间的矛盾，其弊端亦十分明显，如茶叶制假售劣的情况十分严重，伪劣茶叶充斥市场，严重影响茶叶市场的繁荣与发展，阻碍了商品经济的发展。

四、茶马贸易

在宋代，茶马贸易真正成为了一种定制。国家为了加强战备，渴求战马，加强对茶的禁榷，实行茶马互市。

唐代，饮茶习尚传到吐蕃，我国边疆少数民族开始有了饮茶的习惯，《封氏闻见录》记载：“此古人亦饮茶耳，但不如今人溺之甚。穷日尽夜，殆成风俗，始自中地，流于塞外。”但自宋代始，文化意义上的饮茶活动才开始扩展到边疆地区。我国边疆少数民族饮食较为油腻，而蔬菜的摄入较少，茶正好可助消化、解油腻，并弥补他们饮食习惯的不足。同时，在宋代，宋和辽、西夏、金战争不断，中原政权没有牧马场地和马匹来源，故需要大量的军费和马匹来支撑作战，因此朝廷认识到茶马贸易不仅可以带来重利，而且可以对少数民族地区形成制约，有利于维护边地稳定，便将茶马贸易作为“国策”定格发展下来。宋朝廷设立都大提举茶马司管理茶马贸易事务，并制定相关政策鼓励茶马贸易开展。起初，宋代设立茶场司和买马司两个组织机构管理茶马贸易，后来两个机构分别经营，暴露诸多矛盾冲突，合合分分，最终于1107—1187年合并为都大提举茶马司，负责制定法令、政策、法规，管理川茶征榷、运输、销售、买马等事务。同时，宋代朝廷还制定公平合理的政策以鼓励茶马贸易。一方面，政府制定“茶马比价”政策，以马匹质量高下和市场的供求关系来确定茶马交换比例，公平合理；另一方面，宋朝廷还令换马的茶叶低于市场价格，鼓励吐蕃以马易茶，并且好茶专用换马，不商卖。这些政策的实施，促进茶马贸易的顺利开展。

茶马贸易在宋代成为定制，不仅给宋朝政府带来了丰厚的财政收入，促进了两宋的经济发展、社会和谐稳定；同时有利于加强西南西北地区和内地的政治、经济、文化联系与交流，带动少数民族地区发展，促进边疆地区的和谐稳定。

第三节　茶文化的发展

茶文化的发展到宋代已达到一个相对成熟和繁荣的时期，饮茶风俗的普及度极大提高，涵盖了宫廷贵族、文人雅士和市井人民等社会各阶层。又因宋代文人地位极高，当时形成了皇帝与士大夫共治天下的局面。在此背景下，宋代社会包容开放，文学艺术得到繁荣发展。饮茶作为一项高雅的活动受到文人士大夫的追逐，常以茶抒胸臆、铭心志。有关茶的文学艺术作品在这一时期层出不穷，尤其是与建州茶相关的茶文学作品和文献记载甚多。各式各色的茶事活动如斗茶、点茶、分茶成为宋代茶文化的一大特色。茶馆作为宋代经济社会发展和茶文化高度繁荣的产物，遍布都市和城镇中。

一、茶事活动丰富

宋代社会上饮茶之风盛行，上至王公贵族，下至平民百姓，皆以饮茶为趣，各种茶事活动应运而生。

宋代流行点茶之法，主要分为“备器”“洗茶”“碎茶”“碾茶”“罗茶”“候汤”“熁（xié）盏”“注水”和“点茶”九个步骤。首先准备好点茶器具，将膏饼状的茶叶用火烘烤，接着研成粉末状，用茶罗筛分，茶罗越细密越好。然后注以沸水，调和黏稠，再次注入沸水，用茶筅击拂，击起白而厚的茶沫。

在史料记载中，分茶有多种含义。主要有两种：一是指点茶的一道程序，在大型器皿里点茶然后分盛小碗饮用；二是指一种建立在点茶基础上的茶汤游戏，称为“分茶”。此处所说的作为一种茶事活动的“分茶”为后者，是宋代出现的独特的茶艺活动，是指利用茶匙或茶筅击拂拨弄茶汤，在白色、厚实的茶沫上创作图案或文字，别有一番审美趣味。

宋代斗茶早于点茶，核心是比较茶叶品质的高低，主要看汤色和茶沫两个方面，即谓“斗色斗浮”。茶叶汤色以纯白、鲜白为上，灰白、黄白为下，宋徽宗《大观茶论》中提到“以纯白为上真，青白为次，灰白次之，黄白又次之”。白茶由于在斗茶和斗色方面具有天然优势而受到宋徽宗的推崇，在《大观茶论》中，他给予了白茶很高的评价，“白茶自为一种，与常茶不同，非人力所可致”。“斗浮”则为比较茶沫咬盏的时间，从茶筅击拂茶汤而成的沫饽在茶盏上停留时间的长短中，可见斗茶的水平的高低。黑釉系的建盏因其便于斗茶时观察茶叶白色沫饽这一特点，受到宋人的喜爱，多出现于诗词吟咏之中，如范仲淹《和章岷从事斗茶歌》“黄金碾畔绿尘飞，紫玉瓯心雪涛起”句的“紫玉瓯”，紫为酱色，即黑釉系的盏色（图 2-3）。梅尧臣《次韵和永叔尝新茶杂言》“兔毛紫盏自相称，清泉不必求虾蟆”中的“兔毛紫盏”与黄庭坚《满庭芳》词“纤纤捧，冰瓷莹玉，金缕鹧鸪斑”的“鹧鸪斑”，分别指的是建盏中的名品：兔毫盏与鹧鸪盏。

图 2-3　油滴建盏（日本大阪市立东洋陶瓷美术馆藏）

斗茶之外，煎茶也是宋代饮茶活动的重要方式。唐代陆羽总结了煎茶的基本范式，开创了独特的陆羽式煎茶法。择水用火有标准，讲究候汤，最忌水老。至宋代，煎茶仍是文人的饮茶方式，如丁谓《煎茶》：“开缄试雨前，须汲远山泉。自绕风炉立，谁听石碾眠。轻微缘入麝，猛沸却如蝉。罗细烹还好，铛新味更全。花随僧箸破，云逐客瓯圆。”正是煎茶流程的诗意化表达。苏轼亦喜煎茶：“且学公家作茗饮，砖炉石铫行相随。”甚至在被贬儋州时，亦以煎茶聊以平复人生低谷：“茶雨已翻煎处脚，松风忽作泻时声。枯肠未易禁三碗，坐听荒城长短更。”苏辙更道出了煎茶关于候汤的要义：“煎茶旧法出西蜀，水声火候犹能谙。相传煎茶只煎水，茶性仍存偏有味。”可见，在点茶、斗茶兴起的宋代，煎茶在当时文人的生活中占有重要地位。

二、都市城镇茶馆林立

茶馆正式形成于唐代，彼时功能还比较单一，主要提供饮茶和卖茶等服务。至宋代，农业及商品经济的恢复和发展使茶馆业迎来了一个迅速发展的时期。

宋代茶馆的繁荣发展主要有以下几方面的原因。首先，宋代茶叶栽培区域不断扩大，遍布江浙、两湖和四川等地，茶叶产量提高。同时，宋代茶叶品种增多，形制逐渐由团饼向散茶转变，可以满足人们多种需求。茶叶逐渐融入人们日常生活，成为开门七件事之一，吴自牧《梦粱录》中记载："盖人家每日不可阙者，柴、米、油、盐、酱、醋、茶。"除此之外，宋代城市经济的繁荣发展也是茶馆发展的重要原因之一。彼时市和坊的界限被打破，出现夜市、晓市，人们的娱乐生活丰富多彩，而茶馆作为当时市民生活的重要组成部分得以持续发展。孟元老《东京梦华录·朱雀门外街巷》记载："以南东西两教坊，余皆居民，或茶坊，街心市井，至夜犹盛。"宋代市井居民繁荣的饮茶生活可见一斑。北宋画家张择端的风俗画《清明上河图》中就描绘了当时人民社会生活的繁荣景象，从画面上可以看到沿街众多茶馆、酒楼（图 2-4）。

图 2-4 〔宋〕张择端 清明上河图（局部）
（绢本淡设色 纵 24.8 厘米 横 528 厘米 北京故宫博物院藏）

宋代茶馆类型丰富，有以饮茶为主的茶馆，有综合休闲娱乐的茶馆，还有行业茶馆。北宋时期是茶馆发展的初期阶段，到了南宋，细分成针对不同消费群体的分类特色经营茶馆，在茶馆发展史上具有里程碑的意义。这些专营茶馆有的用于文人士大夫聚会交往，又有用于各行各业聚集谈事交易，还有的专门调解社会纠纷以及专供娱乐等。茶馆中的专职服务人员称为茶博士，他们精于茶技。

除了有固定场所的茶坊，宋代还出现了流动茶摊，吴自牧《梦粱录》写道："夜市于大街有车担设浮铺，点茶汤以便游观之人。"流动茶摊除了卖茶之外，还代人传递讯息捎带物品，传达人情。

宋代茶馆的蓬勃发展是当时社会政治经济文化共同作用的结果，是茶文化繁荣发展的象征，从中可以窥见当时社会人民生活百态。

三、茶与茶文化的精英书写

宋代文人将饮茶作为高雅风尚，贯穿于自己的日常生活之中，是宋代茶文化的主要创造者，在茶叶研究和文化艺术方面多有建树。

（一）茶书

宋代文人为茶著书立说，在茶叶种植加工、鉴茶品茶等方面，作了深入的研究总结，特别对北苑贡茶的集中书写，使上品茶的概念深入人心，提升了茶文化的地位。宋徽宗赵佶《大观茶论》对茶树种植、茶叶采制、茶叶鉴别、点茶技艺等方面皆有独到的论述。叶清臣《述煮茶泉品》介绍了煮茶择水的重要性，欧阳修《大明水记》也是专论茶水之文。黄儒《品茶要录》阐述了茶叶采摘方式对茶叶品质的影响及茶叶品质鉴别的标准。此外，宋代文人对北苑贡茶多有研究，蔡襄《茶录》(图 2-5)、宋子安《东溪试茶录》、熊蕃、熊克《宣和北苑贡茶录》、赵汝砺《北苑别录》和刘异《北苑拾遗》阐述了北苑贡茶生长环境、茶叶制作技术及茶叶点试方法和器具等方面的内容，这些都为当时第一手的调查资料，史料丰富、可靠，具有重要的价值(表 2-2)。

表 2-2　宋代部分茶书

茶书	作者	主要内容
《茗荈录》(存)	陶　谷	介绍北宋初年名茶、茶事
《述煮茶泉品》(存)	叶清臣	论述煮茶之水对茶汤品质的重要性
《大明水记》(存)	欧阳修	叙述前人对宜茶之水的看法，并发表自己的见解
《茶录》(存)	蔡　襄	分上下两篇。上篇论茶，下篇论茶器
《东溪试茶录》(存)	宋子安	论述北苑贡茶生长环境、诸焙名、采茶及治茶病技术，首次详细报告茶叶品种
《品茶要录》(存)	黄　儒	总结影响茶叶品质的诸多因素
《本朝茶法》(存)	沈　括	主要记述宋代茶税茶法，对研究茶史有重要价值
《大观茶论》(存)	赵　佶	对茶树种植、茶叶采摘、点茶技艺等方面都有叙述
《宣和北苑贡茶录》(存)	熊　蕃、熊　克	总结北苑贡茶历史发展和茶叶品种，并绘制当时贡茶图
《北苑别录》(存)	赵汝砺	阐述北苑诸焙、贡茶制作技术、贡茶名目及茶园管理技术
《茶具图赞》(存)	审安老人	介绍宋代常用的十二种茶具，冠以官职名称，并附图片

续表

茶书	作者	主要内容
《北苑茶录》(辑佚)	丁　谓	介绍北苑贡茶极佳的生长环境和数种贡茶名目
《茹芝续茶谱》(辑佚)	桑　庄	记述天台茶的三个品级，紫凝、魏岭、小溪

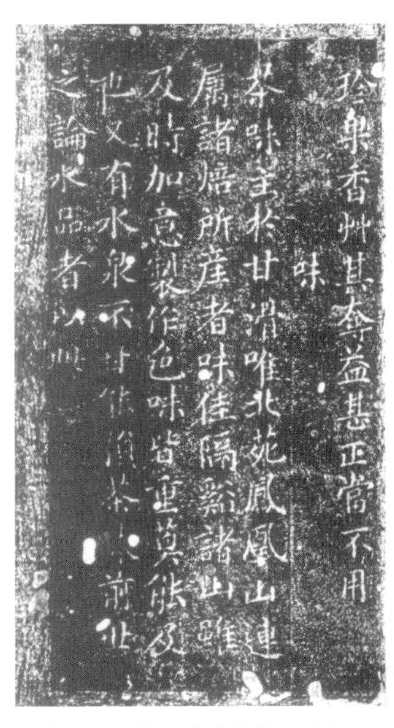

图 2-5　蔡襄《茶录》石刻拓本

（二）茶文学艺术

宋代茶文学艺术创作十分兴盛，这些作品有的是对茶叶的吟咏赞美，有的是对茶事活动的记录，更多的是以茶为媒介寄托对亲人朋友的美好情感，从中可以提取出当时的茶与社会生活信息。欧阳修、梅尧臣、苏轼、黄庭坚和陆游等文人都创作过以茶为题的诗词，如梅尧臣的《次韵和永叔尝新茶杂言》、苏轼的《汲江煎茶》《试院煎茶》和《和钱安道寄惠建茶》、黄庭坚的《双井茶寄子瞻》等都是脍炙人口的佳作。同时，茶与人的内心产生更为紧密的联系。苏轼以茶拟人，认为："建溪所产虽不同，一一天与君子性。森然可爱不可慢，骨清肉腻和且正。"还为茶叶作《叶嘉传》，塑造了"风味恬淡，清白可爱，颇负其名，有济世之才"的茶人形象。南宋理学家朱熹一生嗜茶，以理学入茶道，他认为建茶如"中庸之为德"，江茶如伯夷叔齐。又曰："《南轩集》云：'草茶如草泽高人，蜡茶如台阁胜士。'似他之说，则俗了建茶，却不如适间之说两全也。"他认为品饮建茶，可以体悟中庸之德，以茶雅志、行道，作君子仁人。又，《朱子语类・杂说》："物之甘者，吃过必酸；苦者，吃过却甘。茶本苦物，吃过却甘。问：'此理何如？'曰：'也是一个道理，如始于忧勤，终于逸乐，理而后和。盖礼本天下之至严，行之各得其分，则至和。'"朱熹融合茶与理学，将茶先苦后甘的特征延伸到求学之道，表明人应勤于学习，乐于探索，先苦后甜，才能达到“理而后和”的境界。茶是苦和甘的统一体，体现了中和之理，融合了儒家理学文化的精髓。

宋代与茶相关的绘画创作蓬勃发展，宋徽宗赵佶创作的《文会图》，展现了文人雅士在宫廷宴会中饮酒喝茶的热闹画面。在刘松年的《撵茶图》中，可见点茶的器具与程序，还有文人品茗聚会的场景。刘松年另一绘画作品《斗茶图》则描绘了民间茶贩斗茶的情景。这些绘画作品更直观地展现了两宋时期的饮茶生活图景。

思考题

1. 宋代茶业发展主要体现在哪些方面？具体包含什么内容？
2. 简述茶马贸易对宋和辽、金等边疆少数民族的重要意义。
3. 请从《清明上河图》中指出与茶相关的局部图景。

第三章　宋代点饮的茶与器

茶与器，是茶事活动开展的重要元素。宋代茶叶以团饼茶为主，较唐代呈现更精致、多样的面貌。同时，宋代茶器有了新的变化，黑釉色的茶盏受到追捧，茶筅、汤瓶进入茶事活动视野，扮演重要角色。本章主要围绕宋代茶叶品类、制作工序、品质鉴定和点茶所用器具等方面展开叙述，以勾勒宋代点饮的茶与器之基本面貌。

第一节　点饮之茶

宋代是我国茶业发展的重要时期，“君子小人靡不嗜也，富贵贫贱靡不用也”，茶作为一种日常消费品，在宋代民众日常生活中变得不可或缺。皇室贵族、士大夫、文人雅士、黎民百姓等社会各阶层的格外推崇使茶业得到迅速发展。宋代生产茶叶品类之丰富、技艺之讲究达到巅峰，时人对茶的认识也有了较大的发展。

一、宋代茶叶的品类

宋代生产的茶叶主要是蒸青绿茶，其品类主要以外形来区分：“曰片茶，曰散茶。”片茶，或称团茶，制作经过研膏制模成饼状。散茶，即叶茶，亦可称为草茶，制作无需研膏造型，保持叶形不变。欧阳修在《归田录》里说：“腊茶出于剑、建，草茶盛于两浙。”散茶，唐时乃至唐以前便有，陆羽《茶经》说：“饮有粗茶、散茶、末茶、饼茶者。”而宋时的散茶以双井、日铸茶为著。宋代文人黄庭坚的家乡即在双井，曾以双井茶赠与苏轼，作诗云："我家江南摘云腴，落硙霏霏雪不如。为君唤起黄州梦，独载扁舟向五湖。"陆游喜爱日铸茶，云："囊中日铸传天下，不是名泉不合尝。"

除了散茶，宋代片茶的制作也较之唐代更为精进，特别是位于建州的北苑官焙，贡茶品类丰富。太平兴国二年（977）起，朝廷开始派转运使至北苑督造贡茶，特铸龙凤圈模"以别庶饮"。贡茶制度的推行和规模的扩大，极大地激发了福建路历任转运使对制作、改进贡茶样式、品质的热情，使得北苑贡茶的品类、贡数逐年增加。所谓"武夷溪边粟粒芽，前丁后蔡相宠加"，太宗时，福建路转运使丁谓制作大团龙凤团饼茶。仁宗时，蔡襄任转运使，他首先在北苑茶品质花色上创新，减小茶饼的尺寸和重量，将过去的大团茶改为小团茶。北苑所制"小团"十分珍贵，苏轼有诗云："独携天上小团月，来试人间第二泉。"据说欧阳修在朝供职二十余年，才获赐一饼小团茶，视为宝物，哪怕收藏了也未敢尝饮。而后，"熙宁中，贾青为福建转运使，又取小团之精者为密云龙，以二十饼为斤而双袋，谓之双角团茶"，"熙宁末，神宗有旨建州制密云龙，其品又加于小团矣"。绍圣年间（1094—1097）将密云龙改为瑞云翔龙。徽宗年间（1101—1125），北苑贡茶之品骤增，添造御苑玉芽、万寿龙芽、试新銙、无比寿芽、白茶、贡新銙、龙园胜雪、承平雅玩、龙凤英华、龙苑报春、南山应瑞等数十种。大观年间（1107—1110），宋徽宗极力推崇白茶，"白茶遂为第一"。尤其是宣和年间（1119—1125），福建路转运使郑可简在贡茶的品质技艺方面别出心裁，创制的"龙园胜雪"可谓将北苑贡茶发展至极致。宋代北苑龙凤团茶茶品丰富，根据熊蕃、熊克《宣和北苑贡茶录》记载，北苑贡茶有十余纲四十一品，赵汝砺《北苑别录·纲次》记北苑贡茶有细色五纲共四十三品，粗色七纲共五品。宋徽宗亦称赞："本朝之兴，岁修建溪之贡，龙团凤饼，名冠天下。"

总而言之，宋代茶品兼有散茶、片茶，从大小龙团到密云龙，从瑞云翔龙到龙园胜雪，北苑贡茶屡屡创造茶品极致。宋代茶叶在数量和品质上都有了极大的发展，达到了前所未有的水平，繁盛至极的茶品为宋代极具特色的点茶、斗茶等茶事活动奠定了良好的基础，也创造了宋茶辉煌的历史。

二、宋代团饼茶制作工艺

唐代茶叶加工工序据陆羽《茶经》记载，主要有"采之、蒸之、捣之、拍之、焙之、穿之、封之"七个步骤。宋代茶叶的生产在唐代基础上进一步发展与改进，主要分采茶、拣茶、蒸茶、榨茶、研茶、造茶、过黄等步骤。

（一）采茶

宋代制茶从采茶开始就有严格的要求。在采茶时间上，因建州气候温暖，多数是在惊蛰前后采摘茶芽。"建溪茶比他郡最先，北苑、壑源者尤早。岁多暖，则先惊蛰十日即芽。岁多寒，则后惊蛰五日始发。先芽者，气味俱不佳，唯过惊蛰者最为第一。民间常以惊蛰为候，诸焙后北苑者半月，去远则益晚。”欧阳修亦有诗云：“建安三千里，京师三月尝新茶。”在采摘时令和气候上，根据黄儒《品茶要录·采造过时》所载：要求在“阴不至于冻，晴不至于暄”的初春“薄寒气候”。同时，要求在晴天采摘，“有造于积雨者，其色昏黄”，“气候暴暄”时，“茶芽蒸发，采工汗手薰渍，拣摘不给”。在当日采茶的具体时刻要求上，赵汝砺《北苑别录·采茶》中指出：“采茶之法，须是侵晨，不可见日”，《大观茶论》记曰：“撷茶以黎明，见日则止”，所谓“侵晨则夜露未晞，茶芽肥润。见日则为阳气所薄，使芽之膏腴内耗，至受水而不鲜明”。在日出前采摘的主要原因可能是由于日出前保留有茶叶表面的露水，具有保鲜作用。据熊蕃《御苑采茶歌》中所言：“纷纶争径蹂新苔，回首龙园晓色开。一尉鸣钲三令趋，急持烟笼下山来。”当时要求在清晨日出之前采摘带有夜露的茶叶，同时为了避免工人贪多而超过规定的时间继续采茶，还专门设了一名官员在日出之前鸣钲收工。此外，当时对采茶人员和采茶方法也有严格的要求，“凡断芽必以甲，不以指”，因为“以甲则速断不柔”，“以指则多温易损”。又“虑气汗熏渍，茶不鲜洁”。用指甲可以迅速掐断茶芽而不会损坏茶叶，用手指采茶不能速断，易使茶芽受到汗气的熏渍变得不新鲜、不干净。而且，为使茶保持新鲜，“茶工多以新汲水自随，得芽则投诸水”。

至于采茶的标准，以嫩为上，如宋徽宗《大观茶论》所说：“凡茶如雀舌、谷粒者为斗品，一枪一旗为拣芽，一枪二旗为次之，余斯为下。”芽尖细如枪，叶开展如旗，故名。又见赵汝砺《北苑别录·拣茶》中写道：“凡茶以水芽为上，小芽次之，中芽又次之。”小芽中水芽为上品，即为小芽蒸熟，将熟芽剔去后，仅留如针般小的芽心一缕，其置水盆中用清泉水浸泡，可见“光明莹洁，若银线然”。

以上所述反映了宋人对茶叶原材料与成茶品质的关系有着深入的认识，对茶叶品质的重视从采茶便开始了。

（二）拣茶

拣茶即对采下的茶叶进行分拣，要拣出有损于成茶品质的白合、乌蒂及盗叶等，若杂入这些叶子，“则首面不匀，色浊而味重也”。白合是“一鹰爪之芽，有两小叶抱而生者”，今称鱼叶，指茶树刚萌芽时，长出的两片合抱而生的小叶。乌蒂是“茶之蒂头”，“既撷则有乌蒂”，折掉的长梗断处呈黑色，称为“乌蒂”。盗叶乃“新条叶之抱生而白者”，即现代所称的鳞片，或称越冬叶（图 3-1）。又有“贪多务得，又滋色泽，往往以白合盗叶间之”的情况，需要加以认真分拣。

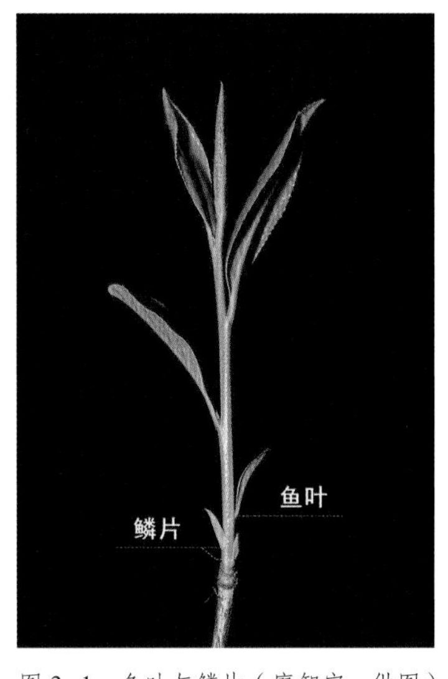

图 3-1　鱼叶与鳞片（廖智宇　供图）

（三）蒸茶

经挑选并洗涤干净后的茶叶，便进入到下一道工序——蒸茶。蒸茶是决定茶叶品质“美恶”的关键。蒸茶特别讲究火候，所谓“蒸有过熟之患，有不熟之患”。蒸太熟，汤色发黄，滋味变淡；太久则汤干，有焦釜之气。蒸未熟，汤色发青，滋味浓烈，带青草气。

（四）榨茶

与唐代制茶相比，榨茶是宋代制茶的一大不同。榨茶，即将茶叶中的汁液压榨干净，是一项繁重的工序（图 3-2）。蒸熟的茶叶淋洗数次之后，“方入小榨，以去其水，又入大榨出其膏。先是包以布帛，束以竹皮，然后入大榨压之，至中夜取出揉匀，复如前入榨，谓之翻榨。彻晓奋击，必至于干净而后已”。而榨茶的原因在于“建茶味远而力厚，非江茶之比。江茶畏流其膏，建茶惟恐其膏之不尽，膏不尽，则色味重浊矣”。这里需指出的是，因建茶品种、时人饮茶风味嗜好等原因，与唐代茶相比，宋茶味远而力厚，为求色味不重不浊，需要经过小榨、大榨、翻榨等工序，才可尽去其膏。如压榨不干净，则“茶饼光黄，又如荫润”；膏尽则如“干竹叶之色”。如色泽鲜白，但其味带苦，也是榨茶出现了问题。

（五）研茶

研茶是将榨好的茶芽置于专门制作的器皿中，“以柯为杵，以瓦为盆”（图 3-3）。宋代研茶与唐代的捣茶类似又有所不同，唐代以杵臼，“蒸罢热捣，叶烂而牙笋存焉”，并不认为越细越好；而在宋代研茶要求越细越好，其所费工时是制成茶叶品质的重要参数之一。研茶过程中需要加水，以每注水研茶至水干为一水，一般研茶水数与茶的品质成正比。从二水到十六水，等级越高的茶，研茶次数越多。龙团胜雪与白茶的研茶工序都是“十六水”。一般超过十二水的茶，一天只能研一团，颇费工夫。

图 3-2　榨茶（晏海旭　绘图）

图 3-3　研茶钵（建瓯北苑遗址出土，南平市博物馆藏）

宋代不仅对研茶次数有要求，而且对研茶用水的质量也有严格的要求。《北苑御泉亭记》记叙了北苑官焙造茶所用之水龙凤泉的神异：“龙凤泉当所汲，或日百斛亡减。工罢，主者封莞，逮期而阖，亦亡余。异哉！所谓山泽之精，神祇之灵，感于有德者，不特于茶，盖泉亦有之，故曰：有南方之贡茶禁泉焉。”

此外，宋代研茶特别注重干净卫生，“至道二年九月，诏建州岁造龙凤茶。先是，研茶丁夫悉剃去须发，自今但幅巾，先洗涤手爪，给新净衣。吏敢违者，论其罪”。为求研茶干净卫生，需剃去须发，把手洗干净，着干净的衣服，违反者以罪论，可见宋人对研茶卫生的严格要求。

（六）造茶

造茶，即将研好的茶入棬模中压制成形。类似唐代的“拍茶”，与现代压制普洱茶、白茶等茶饼的工序亦相似。用的模具，唐代称规，多为铁制，有圆形、方形和花形样式；宋代有圈有模，圈有竹制、铜制与银制的，模多为银制，有一定的形状。宋代棬模样式丰富多样，有方形、圆形、花形、六边形、玉圭形等，部分棬模刻有龙凤图案，在《宣和北苑贡茶录》中可见其形制图案。

（七）过黄

过黄是最后一道工序，又称为焙茶。“初入烈火焙之，次过沸汤爁之，凡如是者三，而后宿一火，至翌日，遂过烟焙焉”。焙茶不是一次焙好就完工，先入烈火，再文火慢炖，烟焙“取其温温而已”。

在焙火材料的选择上，宋人认为焙茶最好用炭火，炭火火力通彻，又无火焰无烟，无损茶味，用炭火所焙茶叶品质佳。但由于炭火虽火力通彻却费时长久，且成本高，当时民间茶民无力养火，制茶不喜用炭这种“冷火”，为加快速度，他们用火常带烟焰，这时需要小心火候，避免烟焦味的出现。

在焙火次数上，其不似研茶，次数并非越多越好，焙火数的多寡，要看茶饼自身的厚薄，茶饼“銙之厚者，有十火至于十五火；銙之薄者，亦八火至于十火”。待焙火之“火数既足，然后过汤上出色。出色之后，当置于密室，急以扇扇之，则色泽自然光莹矣”。

至此，繁复的宋代茶叶加工工序全部完成。所谓“择之必精，濯之必洁，蒸之必香，火之必良，一失为度，俱为茶病”。与唐代相比，宋代茶叶加工增加了“拣茶”“榨茶”等工序，采摘日趋精细，加工工艺不断革新，产品种类层出不穷。形成了一种有别于唐代的、更为精致的文化现象。

三、宋代茶叶的品质鉴定

现代茶叶的品质鉴定，主要依靠评茶人员的视觉、嗅觉、味觉、触觉等，从外形、汤色、香气、滋味和叶底等几项因子进行评断。在宋代，虽评判标准不同，但也主要是从这几方面进行品质鉴定。

在茶饼外观上，以看人面相作比喻："善别茶者，正如相工之视人气色也，隐然察之于内，以肉理实润者为上"。宋徽宗《大观茶论》提及："要之，色莹彻而不驳，质缜绎而不浮，举之凝然，碾之则铿然。"茶饼颜色莹洁而不杂乱，质地紧密而不轻浮，拿在手里紧实厚重，用茶碾碾时声音清亮，可检验为茶中精品。

在茶叶的汤色上，宋人认为茶汤"以纯白为上，青白为次，灰白次之，黄白又次之"。采茶、制茶，上得天时，下尽人力，茶色纯白。色泽发黄、青白、灰白、青暗或昏赤的，均是存在工艺缺陷的表现。

在茶叶的香味上，则"甘香重滑，为味之全"。"茶有真香，非龙麝可拟"，时人开始重视茶叶的真香、本味，认为好的茶叶，茶汤"和美具足，入盏则馨香四达"，不好的茶叶会夹杂异味，甚至"气酸烈而恶"。

在宋代，同样也重视茶叶品种、产地。宋徽宗《大观茶论》中特别提及茶树品种白茶，认为"白茶自为一种，与常茶不同，其条敷阐，其叶莹薄。崖林之间，偶然生出，非人力所可致"，"须制造精微，运度得宜，则表里昭澈，如玉之在璞，他无与伦也"。在产地方面，黄儒《品茶要录》中言及："壑源、沙溪，其地相背，而中隔一岭，其势无数里之远，然茶产顿殊"，沙溪之茶"肉理怯薄，体轻而色黄，试时虽鲜白，不能久泛，香薄而味短"，壑源之品"肉理实厚，体坚而色紫，试时泛盏凝久，香滑而味长"。因此，品种、产地也是影响茶叶品质的重要因素。

此外，在宋代，茶叶掺假现象亦常见。如在制茶工序中偷工减料，降低原料的等级，"阴取沙溪茶黄杂，就家棬而制之"，或在原料中掺入其他的植物叶，"錡列入柿叶，常品入桴槛叶，二叶易致，又滋色泽，园民欺售直而为之"。"至于采柿叶桴槛之萌，相杂而造，味虽与茶相类，点时隐隐如轻絮泛然，茶面粟文不生，乃其验也"。或在碾好的茶末中夹杂他物，"建茶旧杂以米粉，复更以薯蓣，两年来，又更以楮芽。与茶味颇相入，且多乳，惟过梅则无复气味矣。非精识者，未易察也"。宋人云："物固不可以容伪，况饮食之物，尤不可也。"诸多掺假现象，在茶叶品质鉴定中要善于甄别。

总而言之，较之唐代，宋代茶叶的制作工艺更加精细，茶品更加丰富。宋徽宗《大观茶论》写道："采择之精，制作之工，品第之胜，烹点之妙，莫不咸造其极。"其品质建立在繁复的生产加工工序的基础上，"采茶工匠几千人，日支钱七十足，旧米价贱，'水芽'一胯，尤费五千。如绍兴六年（1136），一胯十二千足，尚未能造也，岁费常万缗"。至明初，出身贫寒的太祖朱元璋深知社会底层的辛苦，下诏"罢造龙团，惟采茶芽以进"，取消了龙凤团茶的制作与进贡。此后，茶叶的主流形制变为散条形叶茶，宋代的龙凤团茶退出历史舞台。宋代茶文化在中国茶文化史中起着承上启下的作用，并对日本茶道的形成产生了深远的影响。日本僧人将宋代点茶传至日本，继承延续，至今日本仍用蒸青绿茶碾细的茶粉作为抹茶的原料。现在，随着茶类和茶品的丰富以及点茶技艺的复兴，在传承古代用绿茶加工团饼茶技艺的基础上，已发展到可以用绿茶、红茶、白茶、乌龙茶等各茶类进行点茶。

第二节　点饮之器

“水为茶之母，器为茶之父”，茶器既具有实用功能，亦承载着文化内涵。茶器是饮茶方式的直观载体，折射出不同历史时期人们的审美及历代饮茶方式的演进过程。陆羽《茶经》中记载了唐代煮饮法所用到的茶具“二十四器”，包括风炉（灰承）、筥、炭挝（zhuā）、火筴、鍑（fù）、交床、夹、纸囊、碾（拂末）、罗合、则、水方、漉（lù）水囊、瓢、竹筴、鹾簋（cuō guǐ，揭）、熟盂、碗、畚、札、涤方、巾、具列、都篮等。宋代流行点茶之风，茶器随饮用方式发生改变。审安老人《茶具图赞》一书中，假以职官名为器名，并附姓名字号，以传统白描的方式画出了点茶器具十二先生（图 3-4）：韦鸿胪、木待制、

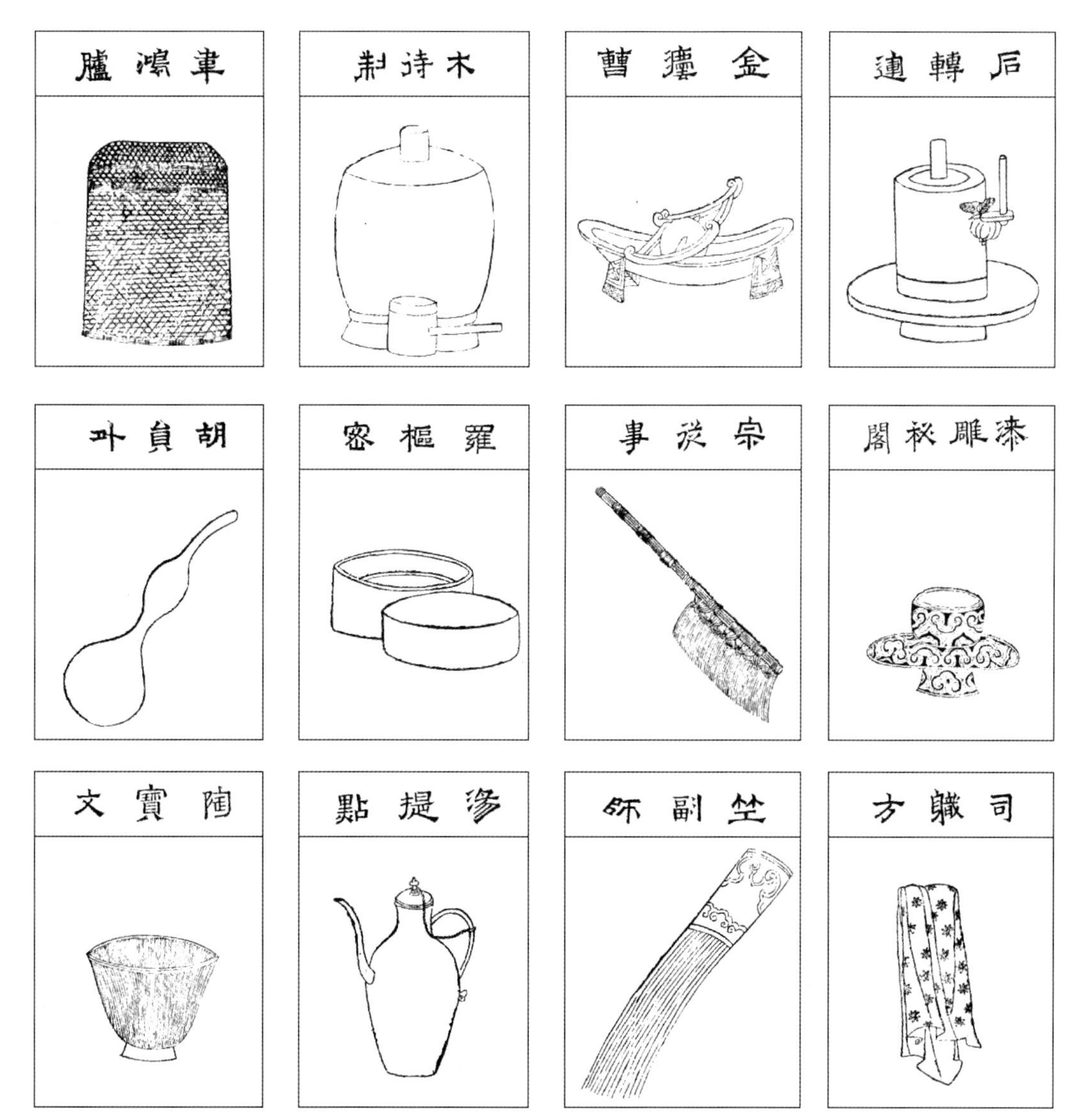

图 3-4 《茶具图赞》十二先生

金法曹、石转运、胡员外、罗枢密、宗从事、漆雕秘阁、陶宝文、汤提点、竺副帅、司职方。《茶录》下篇《论茶器》中提到宋代器具分为茶焙、茶笼、砧椎、茶钤、茶碾、茶罗、茶盏、茶匙、汤瓶九种。《大观茶论》中也对茶器作了具体介绍，并提及“茶筅”。与唐代相比，宋代茶器中茶磨、茶筅、黑釉盏开始出现，汤瓶成为点茶必不可少的器具之一。宋代茶器的重头，集中在碾罗茶叶、煮水点试方面。

一、碾罗用具

宋代品饮末茶，无论团茶、散茶，均需碾罗成末再冲点品饮。其工具讲究，包括砧椎、茶碾、茶磨、茶钤、棕帚、茶罗等。

（一）碾茶用具

砧椎，为碎茶之器，椎通锤、槌，《茶具图赞》中称“木待制”。碾茶的第一步是碎茶，用砧椎将整块的茶饼初步敲碎。《茶录》中写道：“砧椎，盖以碎茶。砧以木为之，椎或金或铁，取于便用。”一砧一棰，一式两物。将团饼茶放置在砧上，用椎子把它敲碎，再放到茶碾上碾成末。木待制在南宋周季常、林庭珪合绘的《五百罗汉图》中亦可见及。

茶碾，《茶具图赞》中称“金法槽”。宋代点茶的茶品以末茶为主，在砧椎碎茶之后，需再经茶碾碾碎。宋人对碾茶的用具要求很高，要求器物的质地不能影响茶的色泽和香味。《茶录》中写道：“茶碾以银或铁为之。黄金性柔，铜及鍮石皆能生鉎，不入用。”宋徽宗不仅提及碾的质地，而且对碾的制式也有要求。《大观茶论》写道：“碾以银为上，熟铁次之。生铁者，非淘炼搥磨所成，间有黑屑藏于隙穴，害茶之色尤甚。凡碾为制，槽欲深而峻，轮欲锐而薄。槽深而峻，则底有准而茶常聚；轮锐而薄，则运边中而槽不戛。”范仲淹所谓“黄金碾畔绿尘飞”便是对当时碾茶成末的生动描写。

茶磨，亦称“茶硙”，《茶具图赞》中称“石转运”，是用来磨碎茶叶的工具。茶磨多为石制。苏轼《次韵董夷仲茶磨》中写道：“前人初用茗饮时，煮之无问叶与骨。浸穷厥味臼始用，复计其初碾方出。计尽功极至于磨，信哉智者能创物。”碾茶用具的发展从最初的“臼”发展至“碾”，后有了茶磨。一般团茶用茶碾，散茶用茶磨。在宋代诗文中多有对茶磨的描写，如宋自逊《茶磨》：“韫质他山带玉挥，乾旋坤载妙玄机。转时隐隐海风起，落处纷纷春雪飞。”梅尧臣《茶磨》：“盆是荷花磨是莲，谁砻麻石洞中天。欲将雀舌成云末，三尺蛮童一臂旋。”

（二）罗茶用具

茶罗，《茶具图赞》中称“罗枢密”。茶被碾成末状之后，需要茶罗的进一步细筛。《茶录》中写道：“罗细则茶浮，粗则水浮”，“茶罗以绝细为佳”，“用蜀东川鹅溪画绢之密者，投汤中揉洗以羃之”。罗底用蜀地东川鹅溪所产的细密画绢，放到热水中揉洗之后罩在罗上，可见宋人对茶罗要求的严格。茶罗实为“一组两件”式器物，罗常与合配合使用，合可承接茶罗筛滤过的茶末，并予贮存。

如上，砧椎、茶碾、茶磨、茶罗等器具是宋代点茶中主要的碾罗用具。除此之外，还有茶钤、棕帚等辅助用具，茶钤用于夹着茶饼在火上烤炙，一般烤炙多见于陈茶碾罗之前，新茶则少用。棕帚，《茶具图赞》中称“宗从事”，为清理、聚集茶末的辅助用具，作用同唐代之拂末。

二、点饮用具

宋代点茶点饮用具主要包括茶筅、茶盏、汤瓶（图 3–5）。此三者是宋代点茶的必备器物，也是代表性的器具，茶盏通常还用盏托承之。

图 3–5　金代壁画中的茶筅、茶盏与汤瓶

茶筅，是专门用于击拂茶汤的器具。《茶具图赞》中称“竺副帅”。“茶筅”最早在《大观茶论》中提及。早期用茶匙，是金属制匙勺点茶击拂用具，《茶录》中写道：“茶匙要重，击拂有力，黄金为上，人间以银、铁为之。竹者轻，建茶不取。”茶筅与茶匙，二者在时间上有一定的承接性，北宋后期主要用茶筅。《大观茶论》中写道：“茶筅以筯竹老者为之，身欲厚重，筅欲疏劲，本欲壮而末必眇，当如剑脊之状。盖身厚重，则操之有力而易于运用。筅疏劲如剑脊，则击拂虽过而浮沫不生。”茶筅筅刷部分是根粗梢细剖开的细密竹条，在点茶时，用茶筅在盏中击拂，使茶末和沸水充分融合，形成乳状茶汁。茶筅形制多样，其材质、穗形、穗数、穗的粗细、整体尺寸比例等因素都会对点茶效果产生影响。

茶盏，是点茶最有代表性的器具之一，《茶具图赞》中称“陶宝文”。姓陶名宝文，表明茶盏由陶瓷制作而成，通体有纹。宋代由于“斗茶”风俗的兴起，茶色尚白，为辨识白色汤花是否着盏及分辨水脚一线，茶盏釉色的要求也随之发生了重大变化，包括兔毫盏、

图 3-6　南宋建窑兔毫茶盏

鹧鸪盏等黑釉色茶盏应运而生，并被推到了“宋代第一茶器”的位置，建窑所生产的建盏也成为当时黑釉瓷烧制工艺的巅峰。《茶录》中记载：“茶色白，宜黑盏。建安所造者，绀黑，纹如兔毫，其坯微厚，熁之久热难冷，最为要用。出他处者，或薄，或色紫，皆不及也。其青白盏，斗试家自不用。”（图 3-6）宋徽宗《大观茶论》中写道：“盏色贵青黑，玉毫条达者为上，取其焕发茶采色也。底必差深而微宽，底深则茶直立，易以取乳，宽则运筅旋彻，不碍击拂。”黑釉、厚胎、宽口、小底、深腹是宋代茶盏的主要特点。

建盏由于胎、釉中所含铁量极高，基于不同原料，在烧造过程中，胎釉铁质胶融，析出结晶，且依其在窑内所置方位、所受火力不同，流动的结晶亦呈相异，冷却时产生鹧鸪斑、兔毫等千变万化的窑变。一般常见的为盏壁呈现细毫条纹状的谓兔毫盏，另外还有盏壁上呈现银白圈点类似鹧鸪鸟胸部羽毛上的白点，谓鹧鸪斑盏，还有极为稀少的或散开或汇集如云朵，带晕染蓝色的结晶体，闪亮如星的“曜变”茶盏。在宋代，点试斗茶一般皆用黑釉茶盏，咏茶盏宋诗提及与今日存世宋代各名窑所出的青白瓷等釉色茶盏，则为一般点茶或煎茶之用。

盏托，是承托茶盏的器具，《茶具图赞》中称“漆雕秘阁”。饮器配托以便取承的习尚由来已久。唐代李匡乂在《资暇集·茶托子》一文中记载：“始建中蜀相崔宁之女以茶杯无衬，病其熨指，取楪子承之。”盏托的使用，可防止茶盏烫手，并使之稳当，审安老人对盏托的赞词也说道：“危而不持，颠而不扶，则吾斯之未能信。以其弭执热之患，无坳堂之覆，故宜辅以宝文而亲近君子。”宋代盏托多以漆制，漆制盏托质地轻而且耐热。宋代髹漆工艺发达，尤其南宋剔犀盏托，需采用两种以上的漆逐层累积堆起，然后用刀剔刻几何图案，利用断面的斜层取色。其工艺复杂繁琐，难度很大，备受斗茶家推崇。除漆器盏托外，瓷、金、银、铜等材质盏托亦时常可见。盏托作为茶盏的附属器，兼具实用与美观性能。盏托在宋代茶画及现存实物中常可见及。

汤瓶，主要用于注水或煮水点茶，《茶具图赞》中称“汤提点”。汤瓶是点茶必不可少的茶具之一。汤瓶在唐代已多见，但多为酒具。五代以后至宋代，汤瓶渐渐用来煮水点茶（图 3-7）。汤瓶的制作讲究，蔡襄《茶录》中写道：“瓶要小者，易候汤，又点茶注汤有准，黄金为上，人间或以银、铁、瓷、石为之。”汤瓶对流嘴的要求比较高，《大观茶论》中写道：“注汤利害，独瓶之口嘴而已，嘴之口欲大而宛直，则注汤力紧

图 3-7　北宋青白瓷茶瓶（东京博物馆藏）

而不散，嘴之末欲圆小而峻削，则用汤有节而不滴沥。盖汤力紧则发速有节，不滴沥，则茶面不破。”为使汤切利落，便于点茶，流嘴圆小尖利成为宋代汤瓶的重要特点。

三、其他用具

要进行完整的点茶程序，除碾罗用具和点饮用具外，生火煮水、取水、清洁用具、藏茶用具等也是不可少的。

（一）生火煮水、取水、分茶用具

唐代生火用具比较繁复，有风炉、灰承、（炭）筥、炭挝、火筴等多种。宋人对饮茶的关注点集中在茶饮茶艺活动的自身。生火用具作为饮茶辅助、附属性用具，在宋代茶书中鲜有提及。茶炉作为生火主要用具，在茶诗及茶绘画中尚可见。宋人追求闲雅适意的生活，对于自然山石中天然生成的生火用具——茶灶状的山石更是垂青，朱熹就曾为武夷第五曲茶灶石书题“茶灶”二字。

“煮水候汤”是点茶的前奏，须格外注意火候，蔡襄《茶录》：“候汤最难，未熟则沫浮，过熟则茶沉。”煮水用具除前述煮水点茶共用的汤瓶外，在宋代实际生活中使用的煮水用具尚有水铫、茶铛等多种。煮水器釜有足者曰铛，而铫为釜之小者，附柄有流。宋代有些直接用汤瓶来煮水，有些则在铫、铛等专门的煮水器中煮好水再加入汤瓶进行点茶，如《撵茶图》中所绘便是。

取水分汤常用茶杓，《茶具图赞》称“胡员外”。宋代的杓形制上分两种，一是葫芦所制的茶瓢，二是金属、竹木或陶瓷制的茶杓。茶杓的功用为取水、分茶。南宋周季常、林庭珪两人合绘《五百罗汉图》画上：瀑布前的侍童左手持杓，汲取山泉，右手另持一开盖茶瓶，可知其乃以杓取水，倒入茶瓶。在日本茶道中，仍保留有茶杓的使用，用于从釜中取水。宋徽宗《大观茶论》：“杓之大小，当以可受一盏茶为量。过一盏，则必归其有余；不及，则必取其不足。倾杓烦数，茶必冰矣。”《大观茶论》中所记载的杓，其功用是在多人饮茶时，在大的器皿中点茶后，再用杓均匀分置盏内。

（二）清洁用具

茶巾，《茶具图赞》中称“司职方”，一般以丝或纱等制成。是在茶饮过程中抹拭、清洁时所使用的器具。清洁环节，看似非茶事活动的主体，但不能忽视。在陆羽《茶经》的“二十四器”中，用于茶事活动的清洁用具有札、涤方、滓方、巾等多种，何况还说：“若二十四器阙一，则茶废矣。”可见其重要性。在刘松年所绘《撵茶图》中置放茶器的茶几棵架上就悬挂着茶巾。在日本茶道中，作为清洁用具的帛巾使用演示是一个不可缺少的环节。

（三）藏茶用具

在宋代，藏茶用具主要有茶焙、茶笼等。茶焙，《茶具图赞》中称“韦鸿胪”，姓韦，为以芦苇或竹编成，名鸿胪原为掌朝庆贺吊之官，这里取其与“烘笼”“烘炉”音近。其内置炭火，顶有盖，中有隔，其功用为以“温温然”火养茶之色香味。茶笼，以蒻叶编成，与茶焙不同，它不用火，蔡襄《茶录》亦说道：“茶不入焙者，宜密封裹，以箬笼盛之，置高处，不近湿气。”此外，宋徽宗在《大观茶论》中提及的“久漆竹器”以及出土文物常见的茶罐等都是当时常用的藏茶用具。

除上述器具外，还有用来存放茶器的都篮，最先见于陆羽《茶经·四之器》。都篮多为竹篾编制而成，也有木质或者木为框架，再用竹子编制而成。如在室内或固定的地点品茗，用来盛放茶器的都篮，起到收纳整理的作用。如在市井斗茶，或到山林中集会，需要随身携带各种茶器，这时都篮不仅起到收纳整理的作用，还便于携带。

总而言之，宋代茶器具有鲜明的特点，其注重对茶汤的映衬功用，注重茶器与茶叶之间的亲和性，形成了相当独特的审美趣味。茶器的发展是随着茶制的演进而改变的，后因明代散茶瀹泡的推行，末茶点饮用具逐渐退隐。在宋代，点茶技艺与点茶器具传播到日本，对日本茶道及其所用器具产生了深刻的影响。宋代茶器在世界茶文化史中占有重要的一席之地，其蕴藏的宝贵的文化价值对于今天弘扬民族精神，增强文化自信，发扬传承创新传统文化仍具有十分重要的意义（图 3–8）。

图 3–8　现代仿宋点茶器具（吴春雷　供图）

思考题

1. 请比较总结唐宋团饼茶加工的异同之处。
2. 请比较总结唐宋茶器的异同之处。
3.《茶具图赞》中的“十二先生”有各自的名、字、号，请分析其具体含义。

第四章　宋代点茶的技与艺

中国饮茶历史悠久，在茶叶品饮技艺的发展中，宋代点茶法是品饮技艺发展的高峰，也是从调饮到清饮发展过渡的重要转折点，在饮用方式上处于承前启后的重要位置。其中，斗茶是在点茶的基础上发展而来的，推动了茶业的发展；分茶，早已有之，如《茶经》中的“酌分入碗”，至宋代则有了游艺幻化的色彩，灵动中充满艺术美感。

第一节　点茶技艺

点茶文化是宋代茶文化的重要组成部分，更是华夏文明的重要元素之一。在点茶法的基础上，还发展出了斗茶和分茶等一类的游艺活动，极大地丰富和增加了点茶的趣味性和艺术品位。盛极一时的点茶法又传到日本等国，促进了日本茶道的诞生与发展，影响着他们的精神生活和价值体系，并在异国他乡大放异彩，在中华文化史上留下了璀璨的篇章。

到了宋代，常见的饮茶方式有煎茶法和点茶法。由于士大夫阶层游宦生涯的特殊性，很多人受生活习俗的影响，平时饮茶时亦以多种方式兼用。如苏轼，时而有“姜盐拌白土，稍稍从吾蜀”，时而又嗔责：“老妻稚子不知爱，一半已入姜盐煎。”认为好茶当用点茶法，加入姜盐之类的东西就会破坏茶的品位。

一、点茶法盛行的历史背景

由于建州民间斗茶之风的兴起，建州茶成为专供皇室的贡茶之后，点茶也成为官宦文人喜爱的茶事活动。蔡襄和宋徽宗是宋代茶文化的有力推动者，以兼容并蓄的精神传承并发展了点茶艺术。他们所撰作的《茶录》和《大观茶论》是后世研究宋代点茶文化的可靠资料。点茶法的盛行，是与当时的社会经济条件、政治文化的发展和审美意识的转变分不开的。

（一）社会经济的发展

随着劳动力的快速增长、生产工具的进步以及生产技术的提高，宋代农业得到较大发展，满足了茶农的粮食需求，为茶叶的种植和生产提供了十分有利的经济条件。茶业的发展也与经济重心的南移存在密切联系，加之南方茶区得天独厚的自然条件，茶树种植面积扩大了两三倍。同时，宋代人口数量也得到较快增长，为茶叶生产提供了较为充足的劳动力。茶叶的产量和质量也得到大大提高，茶已是一种日益高度发展的商品生产，这进一步促进了茶叶贸易的发展。茶业的发展也促进了陶瓷业的进步，北宋五大名窑和景德镇瓷器享誉全国，为高质量的茶具提供了可能。商业的繁荣，不仅促进茶叶的生产，更进一步刺激与推动点茶文化的发展，并向各地区、各层面扩展。

（二）饮茶风气的盛行

宋代茶叶已成为人们日常生活的必需品，各阶层人士皆嗜好饮茶，上至王公贵族，下至黎民百姓，无不饮茶。茶与宋人生活息息相关，成了“柴米油盐酱醋茶”开门七件事中不可或缺的一件。宋代经济的繁荣和市民文化的兴起，促进了茶馆业的发展和茶肆文化的出现。茶肆为人们提供了休闲娱乐的便利场所，特别是士大夫阶层。在重文轻武的宋代，文士的社会地位较高，他们饮茶时作诗、绘画，讲究品茶艺术，以诗词歌赋来助推点茶法的流行，将饮茶从日常消费上升到了文化的层次，并形成了茶道思想，创造了光辉灿烂的茶文化。

（三）审美意识的提升

宋史专家邓广铭曾指出：“宋代的文化，在中国封建社会历史时期之内，截至明清之际的西学东渐的时期为止，可以说，它是已经达到了登峰造极的高度的。”较之唐代，宋代茶叶的制作工艺更加娴熟，茶品更加精致，品饮技艺更加成熟。北苑生产的龙凤团饼茶，采制技术精益求精，声誉超过以前的名茶珍品。同时，花样年年翻新，名品达数十种之多，宋人在团饼茶命名中使用了大量的自然意象，如“玉”“雪”“云”“春”等，为点茶活动的审美增添了诸多韵味。在品饮方式上，宋人更加注重茶叶本身的色香味，一改唐代煎煮茶叶时加入调味物质的做法，改用清饮。同时在品饮器具上进行精简，取消了煎茶需要的锅

（鍑），改用将茶叶末放入茶碗（盏）注水冲点的方式；在审美意象上，不同于唐代煮茶，宋代人追求的是茶色与饽沫的厚度、持久度以及形态，对美的追求更加深化、细化。如果说，唐代的煎茶重于技艺，那么宋代的点茶法更重于意境。

二、点茶的基本程式

点茶法是在唐代煎茶法基础上的一种创新，技术上更加讲究，精神上更注重审美体验。唐代煎茶法是将茶饼碾碎直接入茶鍑烹煮，点茶法则要把茶叶碾得更细，如粉如末，饮用时并不加盐和其他调味物质，保持茶叶真味。两者最大的区别是不再将茶末放到锅里煮，而是将茶叶末放入茶碗（盏），开水冲点，同时用茶筅搅拌（古称“击拂”）以使茶与水完全融为一体，茶末上浮，形成粥面。好的茶汤要有一层极为细小的白色泡沫浮于盏面，称为“乳聚面”；点得不好的茶汤，茶与水易分离开来，称为“云脚散”。所以，茶人必须掌握高超的点茶技巧，以使茶与水交融似乳，最佳的状态还能“咬盏”。宋人评茶以白为上，蔡襄《茶录》的第一句就是“茶色贵白”。为了衬托茶汤之白，宋代崇尚施黑釉的茶盏为点茶的上品。关于点茶的方法，在蔡襄的《茶录》和宋徽宗的《大观茶论》均有详细的记载，其主要步骤有：备器、洗茶、炙茶、碾茶、罗茶、置茶、候汤、熁盏、注水、点茶、品茶等（图4-1）。其中关键的步骤在于候汤和点茶时的注汤、击拂。

图4-1　宋代点茶程式（汤洁　绘图）

（一）备器

点茶主要用具为黑釉茶盏和茶筅。蔡襄在《茶录》中论述：“茶色白，宜黑盏，建安所造者绀黑，纹如兔毫，其坯微厚，熁之久热难冷，最为要用。出他处者，或薄，或色紫，皆不及也。其青白盏，斗试家自不用。”宋代点茶首推黑釉盏，又以建窑兔毫盏为最。

此外，还有注水时用的茶瓶（汤瓶），碎茶时用的砧椎，炙茶时用的茶钤，碾茶时用的茶碾（茶磨），筛茶时用的茶罗，清理茶末时用的茶帚，以及清洁茶器时用的茶巾，贮水时用的水方，盛装涤洗之余的涤方，煮水用的风炉，盛放茶器用的都篮等器具的准备。点茶之前还有很多准备工作，比如：汲取点茶之水倒入水方贮存待用；将点茶用水注入汤瓶，置风炉上煮沸；利用茶碾、茶磨研磨茶末。

（二）洗茶、炙茶

洗茶是针对陈年旧茶而言，在研磨之前，通常会先将茶饼洗去油膏，再用微火炙干。蔡襄《茶录》中说洗茶：“茶或经年，则香色味皆陈。于净器中以沸汤渍之，刮去膏油一两重乃止。以钤箝之，微火炙干，然后碾碎。若当年新茶，则不用此说。”

（三）碎茶、碾茶、罗茶

碎茶、碾茶、罗茶是茶末的制备步骤，为点茶做准备。

碎茶：点茶为宋人品饮茶末的方式之一，无论是草茶还是团茶，均得先把茶叶研磨成末。具体办法是：“碾茶先以净纸密裹捶碎，然后熟碾。”先用绢纸包裹，用砧椎捶碎，称“碎茶”。

碾茶：将碎茶移至碾或磨，“其大要，旋碾则色白，或经宿则色已昏矣。”最为关键的是，捶碎后要立刻碾，茶色才会白。如果放置超过一夜，茶叶被氧化，茶色就会变暗。可见，点茶时对鲜白色泽的追求是贯穿整个过程的。赵佶在《大观茶论》中也论述点茶之茶：“点茶之色，以纯白为上，青白为次，灰白次之，黄白又次之。天时得于上，人力尽于下，茶必纯白。”

罗茶：碾成茶粉后用罗筛滤，使茶末更细致。“罗细则茶浮，粗则水浮”，如果茶罗孔太粗，筛出的茶末就会粗大，水不易浸透，就不易与水相溶。所以，茶末越细越好，要求茶罗十分细密。茶末备好后，接下来就是点茶的工序了。

（四）候汤

候汤就是掌握点茶用水的沸滚程度，是点茶成败、优劣的关键。

唐人煎茶讲究水质，宋人点茶亦讲究水质，但不及唐人甚。论水以“清轻甘洌为美”，唐人言及的中泠、谷帘、惠山，一般并不常得。要以就近方便取用为前提，首选“山泉之清洁者，其次则井水之常汲者为可用”。

关于煮水，唐人讲究“三沸”，靠声辨和形辨判断煎水的程度，因为用鍑煮水，水沸腾的程度可以目测。一般多用“鱼目”“蟹眼”比喻。如皮日休《煮茶》：“时看蟹目溅，乍见鱼鳞起。”而宋代煮水用汤瓶，因为瓶口很小，看不到气泡，只能凭其声音来辨别沸腾程度。蔡襄认为："候汤最难。未熟则沫浮，过熟则茶沉，前世谓之蟹眼者，过熟汤也。沉瓶中煮之不可辨，故曰候汤最难。"点茶对水的火候要求很高，所谓"凡用汤以鱼目蟹眼连绎迸跃为度""汤嫩则茶力不出，过沸则水老而茶乏"。煮水的过程也讲究三沸，称一沸为"砌虫万蝉"，二沸为"千车捆载"，三沸为"松风涧水"。煮水过老和过嫩都会影响茶汤的滋味和点茶的效果。

（五）熁盏

"凡欲点茶。先须熁盏令热。冷则茶不浮。"准备点茶时，必须先把茶盏烤热。如果茶盏是冷的，饽沫就无法漂浮。宋徽宗《大观茶论》中也论及："盏惟热，则茶发立耐久。"

（六）注水、点茶

先将茶末置入茶盏，加少许沸水调膏，调成糊状。然后边注汤边用茶筅击拂点茶，搅拌至"乳雾汹涌，溢盏而起，周回凝而不动"。待汤面变白，汤花细碎、均匀时提筅出盏。

点茶时应注意投茶量，蔡襄《茶录·点茶》云："茶少汤多，则云脚散；汤少茶多，则粥面聚。钞茶一钱匕，先注汤调令极匀，又添注入环回击拂。"一般每碗茶取一钱匕（合今2克多）的茶末量，放入茶盏后，先注汤调至非常均匀的茶膏，然后再注水击拂。"汤上盏可四分则止，视其面色鲜白，着盏无水痕为绝佳。"加水离盏口大约四分即可停止注水，这时候茶色看上去鲜亮纯白，汤花咬盏，不易出现水痕者为最上等。

（七）品茶

点茶一般是用茶盏，点后直接持盏饮用。也可用大茶碗，点后再分至小茶盏里品饮。

宋朝婉约精深的时代特征造就了其特有的点茶盛世，这种由建安民间斗茶时使用的冲点茶汤的方法逐步发展完善而来的点茶法，至今仍然在中国人的日常饮茶及日本的茶道中保留，当时人们在调膏前普遍认为的"熁盏令热""量茶受汤"的论点，即使在高科技发展的今天，也依旧是茶科技与茶文化融会的典范。

第二节　斗茶文化

斗茶，古时又称"斗茗""茗战"，始于五代，兴于唐，盛于宋。北苑茶的进贡，推动了斗茶风气的兴起。对斗茶之风起到推波助澜作用的，还有皇家的提倡。宋代的皇帝大都好饮茶，因而贡茶在当时成为左右全国茶叶生产的主导因素。建茶作为贡品进贡时，为了选出最好的茶叶，也会先进行斗茶筛选。苏东坡在《荔支（枝）叹》中写道："争新买宠各出意，今年斗品充官茶。"范仲淹在《和章岷从事斗茶歌》中也说："北苑将期献天子，林下雄豪先斗美。"宋代的贡茶基地在福建建州，有生产大小龙团的"北苑官焙"。同时，这里还有大量的"私焙"，也就是民办茶场，总数多达 1 336 家。每年到了新茶上市时节，茶农们竞相比试各自的新茶，评优论劣，争新斗奇。于是，斗茶之风油然兴起："斗茶味兮轻醍醐，斗茶香兮薄兰芷。其间品第胡能欺？十目视而十手指。胜若登仙不可攀，输同降将无穷耻。"生动形象地描绘了当年民间斗茶的激烈情形。

斗茶是古人品评茶叶品质优劣和点茶技艺高下的一种方式，具有很强的胜负色彩，富于趣味性和挑战性，如白居易《夜闻贾常州崔湖州茶山境会想羡欢宴因寄此诗》诗中就有"青娥递舞应争妙，紫笋齐尝各斗新"之句，说的是斗试新茶，这与宋代通过"斗色斗浮"的方法来品鉴茶叶品质高下的"斗茶"是不同的。斗茶优胜的评判有两条标准：一是斗色，看茶汤表面的色泽和均匀程度，以鲜白为胜；一是斗水痕，看汤花咬盏的持久度，沫饽持续时间长短，以无水痕者为佳。每年清明节前后，新茶初成，是斗茶的最佳时机。

一、斗茶之汤

斗茶的第一阶段是斗香斗味，比的是茶本身的香气和滋味；第二阶段斗色斗浮，比的是茶的颜色和浮起来的汤花情况。

斗品，是指茗战所用的极品名茶。建安白茶为斗茶第一品，受徽宗皇帝推重，因其"色莹彻而不驳，质缜绎而不浮，举之凝结，碾之则铿然"，为斗茶之精品。然而斗品白茶之难得，在黄儒《品茶要录》中"白合盗叶"一节有记述："茶之精绝者曰斗，曰亚斗，其次拣芽。茶芽，斗品虽最上，园户或止一株，盖天材间有特异，非能皆然也。"斗品品质最佳，然数量少，一片茶园中或许只有一株，而且还可能枯萎或变异。并且一株斗品茶树也做不出多少茶来，就有人掺入白合与盗叶来冒充斗品。虽然色泽看起来鲜白，然而味道涩淡，缺少应有的香气与滋味。

斗茶的汤色，以纯白为上，蔡襄在《茶录》中说："视其面色鲜白，着盏无水痕者为绝佳。"所以斗茶的茶品多选用优质茶叶，斗茶之茶也讲究以"新"为贵，研磨要够细、匀，点汤、击拂恰到好处，汤花、饽沫就匀细，能够"咬盏"，久聚不散。《大观茶论》中称"乳雾汹涌，溢盏而起，周回凝而不动，谓之咬盏"，如果饽沫很快散开，露出水痕，则判为负。《茶录》中说："建安斗试，以水痕先者为负，耐久者为胜，故较胜负之说，曰相去一水、两水。"斗茶通常为三局二胜，一场胜负称为"一水"，故当时多有胜二水、负一水之类的说法。苏轼《行香子・茶词》："斗赢一水。功敌千钟。觉凉生、两腋清风。"曾巩《蹇磻翁寄新茶二首》有："贡时天上双龙去，斗处人间一水争。"王珪在《和公仪饮茶》中提道："云叠乱花争一水，凤团双影负先春。"

斗茶既是茶叶品质的竞比，也是运筅击拂技巧的竞比。所以，除了茶品要好，煮水、点汤、击拂也得合宜，才能取胜。

二、斗茶之色

关于斗茶的茶色，蔡襄在《茶录》中说“故建安人斗试，以青白胜黄白”；宋徽宗在《大观茶论》中也论茶色，大抵与蔡襄一致，他认为“点茶之色，以纯白为上，青白为次，灰白次之，黄白又次之。”对于茶色之白，他还专门列了一节“白茶”予以介绍，认为它与常茶不同，这里的白茶与我们今天所说的白茶种类不同，它是一种生长在崖林之间，不过一二株而已的珍稀品种，是为皇室专供之白茶，深受徽宗皇帝的喜爱。

斗茶的汤色也反映了茶叶的质量，体现了茶叶的采制技艺。宋徽宗在《大观茶论》中详细描述了茶叶的品质与工艺的关系：“天时得于上，人力尽于下，茶必纯白。天时暴暄，萌芽狂长，采造留积，虽白而黄矣。青白者蒸压微生，灰白者蒸压过熟。压膏不尽，则色青暗。焙火太烈，则色昏赤。”纯白的茶汤，表明茶质鲜嫩，采摘时间、制作工艺恰到好处；汤色偏青，说明加工时蒸茶的火候不够；颜色泛灰，说明蒸茶火候过头；汤色泛黄，说明茶叶采制不及时；倘若汤色泛红，则说明是茶叶烘焙得过了火候。

三、斗茶之技

斗茶不仅要求上品好茶，亦要求精妙的点茶技法，只有两者相互配合，方能相得益彰。宋人饮茶尤重审美程序的呈现，强调的是视觉感受，加上蔡襄和宋徽宗的倡导和大力宣扬，使得斗茶一味追求视觉审美，而弱化了茶叶本身的香与味。

关于点茶的步骤和要求，已见上文，现仅摘录宋徽宗《大观茶论》中记述点茶注水的要求，以感受点茶技艺的精彩绝伦。宋徽宗不仅是茶道专家，还是点茶高手，常在群臣面前躬亲于点茶，称“自布茶”，《大观茶论》中提到的点茶，要求极高，点茶注水的次数要达到六至七次，每次注水的量、角度、方向都有不同要求，称为“七汤”点茶法。七个步骤，需按部就班，循序渐进，方能看到“色泽渐开，珠玑磊落”，然后再到“粟文蟹眼，泛然杂起”，到“云雾渐生，霭然凝雪”，再就是“乳点勃然”，最后才能达到“乳雾汹涌，溢盏而起，周回凝而不动，谓之咬盏，宜均其轻清浮合者饮之。”（图 4–2）具体操作步骤如下：

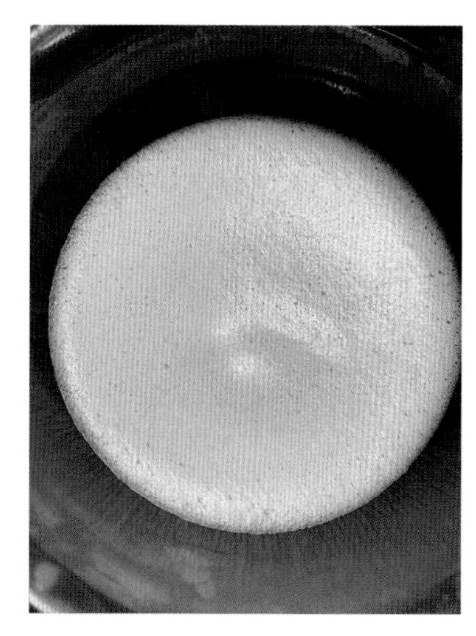

图 4–2　茶汤

妙于此者，量茶受汤，调如融胶。环注盏畔，勿使侵茶。势不欲猛，先须搅动茶膏，渐加击拂，手轻筅重，指绕腕旋，上下透彻，如酵蘖之起面，疏星皎月，灿然而生，则茶之根本立矣。

第二汤自茶面注之，周匝一线，急注急止，茶面不动，击拂既力，色泽渐开，珠玑磊落。

三汤多寡如前，击拂渐贵轻匀，周环旋复，表里洞彻，粟文蟹眼，泛然杂起，茶之色十已得其六七。

四汤尚啬，筅欲转稍宽而勿速，其真精华彩，既已焕发，云雾渐生。

五汤乃可少纵，筅欲轻匀而透达。如发立未尽，则击以作之。发立太过，则拂以敛之，然后霭然凝雪，茶色尽矣。

六汤以观立作，乳点勃然，则以筅着底，缓绕拂动而已。

七汤以分轻清浊重，相稀稠得中，可欲则止。乳雾汹涌，溢盏而起，周回凝而不动，谓之咬盏，宜匀其轻清浮合者饮之。《桐君录》曰："茗有饽，饮之宜人。"虽多，不为过也。

斗茶极大地丰富了茶文化的内容，促进了点茶技艺的提升，推动了制茶工艺的进步和茶叶品质的改良，也大大提高了点茶的文化品格和艺术情趣。

第三节　分茶艺术

分茶作为一种饮茶方式，有悠久的传统，唐代煮茶法在鍑中煮茶，煮好后用瓢"分酌入碗"，即是分茶的一种。宋代则换成了大汤甇，在大汤甇中点茶，然后再分舀小盏饮茶。其后，分茶还指的是一种高超的茶技，以技巧性强为主要特色，是在点茶基础上运用击拂之变化，而达到茶汤与水交融过程中形成短暂物象的幻化现象，这"分茶"不是寻常的品茗，也不同于斗茶，而是一种独特的茶事游艺。

一、分茶的技艺美

分茶是使茶汤纹脉成物象的一种游艺手法，要使汤花在转瞬即灭的刹那，显现出瑰丽多变的景象，需要很高的技艺。"分茶"有两种方法：一是用"搅"，因能与汤面直接接触，较易掌握；另一种是直接"注"出汤花来，很难掌握，此法在陶谷《清异录》中有记载："馔茶而幻出物象于汤面者，茶匠通神之艺也。沙门福全生于金乡，长于茶海，能注汤幻茶，成一句诗，并点四瓯，共一绝句，泛于汤表。小小物类，唾手办耳。"陶谷将这种技艺称为"茶匠通神之艺"，说明分茶远比煎茶复杂得多。精于分茶的福全作诗自咏曰："生成盏里水丹青，巧画工夫学不成。却笑当时陆鸿渐，煎茶赢得好名声。"分茶是中华千年文化，其汤面独特的灵动性和变幻特征，对于表现的山水风光，灵动、深邃而富于内涵，可以表达一般言语无法表达的意境，使茶汤作品与诗词、绘画表达的意境更为融合。

善于分茶者大有人在，关于茶乳幻变图案的记载和描述在宋人诗词中不乏其例。如陆游、李清照、杨万里、苏轼都喜爱分茶，留下了许多描述分茶的诗文。

如，郭祥正在《谢君仪寄新茶》中记载："辗开鹭玉饼，汤溅白云花"；陆游《临安春雨初霁》中描述了分茶："矮纸斜行闲作草，晴窗细乳戏分茶。"将分茶归于闲情雅事之列。李清照《转调满庭芳·芳草池塘》中："当年曾胜赏，生香熏袖，活火分茶。"

其中以杨万里《澹庵坐上观显上人分茶》中的描写最为精彩：

分茶何似煎茶好，煎茶不似分茶巧。蒸水老禅弄泉手，隆兴元春新玉爪。二者相遭兔瓯面，怪怪奇奇真善幻。纷如擘絮行太空，影落寒江能万变。银瓶首下仍尻高，注汤作字势嫖姚。不须更师屋漏法，只问此瓶当响答。

详细描绘了观"分茶"的情景，诗中的显上人是一位善于分茶的僧人，他不但能使茶汤中出现种种奇异物象，还可使茶汤中出现气势磅礴的文字，令人叹为观止。

上至达官显贵、文人墨客，下至平民百姓、乡野村夫，分茶演绎着不同的故事与趣味。不同的艺术变化融入其中，反映了古人多姿多彩的生活场景。

二、分茶的意境美

分茶极具艺术审美和休闲雅致的趣味，也有很多不确定性。山水、草木、花鸟、虫鱼等等各种图案在汤面幻化，正是这种转瞬即逝的美，令人着迷，受到朝廷和大批文人的推崇，在历史上留下浓墨重彩的一笔。宋徽宗也善于分茶，还亲自烹茶赐宴群臣："宣和二年十二月癸巳，召宰执亲王等曲宴于延福宫，……上命近侍取茶具，亲手注汤击拂，少顷白乳浮盏面，如疏星淡月。"他还撰写《大观茶论》论述点茶、分茶的技艺，其中的传神之笔，如：疏星皎月、珠玑磊落、粟文蟹眼、云雾、凝雪之自然界中物象的比喻，说明了在点茶过程中，茶汤纹路的变幻多样。

茶百戏为分茶的一种，具有独特的艺术表现力，它是文人将书画创作的理念运用到茶艺中的实践，这种能在茶面上幻出水丹青的"通神之艺"，是汤面表现字画的独特艺术形式。由于茶汤显现得丰富、自然灵动，同时，在同一茶汤可以变幻图案多次，这种瞬息万变的美学创作为宋人提供了一种雅玩的情趣，展现出文人艺术的意境美、线条美和朦胧美。

点茶、斗茶和分茶是宋代饮茶的三种形式，是茶道发展到一定阶段的产物，三者既有联系又有区别。斗茶、点茶、分茶技艺将茶性的空灵淡泊与茶人理想中的返璞归真、恬淡超脱、自适潇洒的意趣完美融合，让茶成为了生活中的审美对象，让品茶成为一次审美的流程，体现出他们借品茗活动而"艺术化地生活"，极大地丰富了中华茶文化的内涵。

思考题

1. 请分析点茶、分茶、斗茶的区别与联系。
2. 影响点茶的因素有哪些?
3. 请结合《大观茶论》的记载，试着按步骤点茶，并拍照记录茶汤样态。
4. 社会上流行多种形式的仿宋点茶、茶百戏，请谈谈你的认识。

第五章　宋代点茶的诗与画

学习、解读关于宋代茶事的诗词与绘画作品，是了解点茶艺术与文化的重要途径。茶诗词，是文人因茶事而留下的语言艺术。绘画，则是茶事活动的一种形象写照。本章节选择较为突出反映宋代茶事活动的诗词与绘画作品，作相应的注释与导读，以从文学艺术这一角度了解宋代点茶文化与艺术。

第一节　点茶诗词

汤　戏①

馔茶而幻出物象于汤面者，茶匠通神之艺也。沙门福全生于金乡，长于茶海，能注汤幻茶成一句诗，并点四瓯。共一绝句，泛乎汤表，小小物类，唾手办耳②。檀越日造门求观汤戏③，（福）全自咏曰：

生成盏里水丹青④，巧画工夫学不成。却笑当时陆鸿渐⑤，煎茶赢得好名声。

注释　① 汤戏：茶汤上写字作画。《茗荈录》：“茶至唐始盛。近世有下汤运匕，别施妙诀，使汤纹水脉成物象者，禽兽虫鱼花草之属，纤巧如画，但须臾即就散灭，此茶之变也。时人谓之‘茶百戏’。”② 唾手：比喻事情极易办到。③ 檀越：施主。④ 丹青：绘画。⑤ 陆鸿渐：陆羽。

导读 作者僧福全（生卒年不详），济州金乡（治今山东嘉祥）人，能诗，善茶道。《清异录》载其事迹。《汤戏》一诗作于五代之时，为点茶之滥觞。诗中记载了一名为福全的和尚，擅长“汤戏”，即以注汤的方式在茶汤上作字，引得时人前来观看。

和章岷从事斗茶歌

年年春自东南来，建溪先暖冰微开。溪边奇茗冠天下，武夷仙人从古栽。新雷昨夜发何处，家家嬉笑穿云去。露芽错落一番荣，缀玉含珠散嘉树[①]。终朝采掇未盈襜[②]，唯求精粹不敢贪。研膏焙乳有雅制，方中圭兮圆中蟾[③]。北苑将期献天子，林下雄豪先斗美。鼎磨云外首山铜[④]，瓶携江上中零水[⑤]。黄金碾畔绿尘飞，紫玉瓯心翠涛起。斗茶味兮轻醍醐，斗茶香兮薄兰芷。其间品第胡能欺，十目视而十手指。胜若登仙不可攀，输同降将无穷耻。吁嗟天产石上英，论功不愧阶前蓂[⑥]。众人之浊我可清[⑦]，千日之醉我可醒[⑧]。屈原试与招魂魄，刘伶却得闻雷霆。卢仝敢不歌，陆羽须作经。森然万象中，焉知无茶星[⑨]。商山丈人休茹芝[⑩]，首阳先生休采薇[⑪]。长安酒价减千万，成都药市无光辉。不如仙山一啜好，泠然便欲乘风飞。君莫羡花间女郎只斗草[⑫]，赢得珠玑满斗归。

注释 ① 嘉树：指茶树。陆羽《茶经》：“茶者，南方之嘉木也。”② 襜：系在身前的围裙。《诗经》：“终朝采蓝，不盈一襜。”③ 方中圭兮圆中蟾：指茶的形状，方形如圭，圆形如月。蟾代指月亮，因传说月中有蟾蜍。④ 首山铜：黄帝铸鼎炼丹，曾采铜此山。⑤ 中零水：即中泠水，在今江苏镇江市西北，有“天下第一泉”之称。⑥ 蓂：蓂荚，古代传说中一种表示祥瑞的草。⑦ 众人之浊：《渔父》有“举世皆浊我独清”之句。⑧ 千日之醉：化用刘伶典故。刘伶，竹林七贤之一，嗜酒。张华《博物志》：“刘元石于中山酒家酤酒，酒家与千日酒饮之，忘言其节度。归至家大醉，不醒数日，而家人不知，以为死也，具棺殓葬之。酒家计千日满，乃忆元石前来酤酒，醉当醒矣。往视之，云：‘元石亡来三年，已葬。’于是开棺，醉始醒。”此句，作者以茶表明其志向和理想。⑨ 茶星：绝品之茶。⑩ 商山丈人：秦末东园公、绮里季、夏黄公、角里先生，避秦乱，隐商山，年皆八十有余。⑪ 首阳先生：伯夷、叔齐独行其志，耻食周粟，饿死首阳山。⑫ 斗草：一种古代游戏。竞采花草，比赛多寡优劣，常于端午举行。

导读 作者范仲淹（989—1052），苏州吴县（今江苏苏州）人，字希文。少年时家贫，但好学，当秀才时就常以天下为己任，有敢言之名。工诗文及词，晚年所作《岳阳楼记》，有“先天下之忧而忧，后天下之乐而乐”之语，为世所传诵。有《范文正公集》。此诗反映了宋代斗茶的场景。从茶树的栽植、采制，再到斗茶时用到的水与器，皆有讲究。斗茶则在公平公正的氛围下开展，“胜若登仙不可攀，输同降将无穷耻”，表明斗茶有强烈的胜负心，也反映出当时贡茶的角色与地位。最后，诗人以药与酒作对比，总结了茶的功用。

尝新茶呈圣俞

建安三千里，京师三月尝新茶。人情好先务取胜，百物贵早相矜夸。年穷腊尽春欲动，蛰雷未起驱龙蛇。夜闻击鼓满山谷，千人助叫声喊呀[①]。万木寒痴睡不醒，惟有此树先萌芽。乃知此为最灵物，疑其独得天地之英华。终朝采摘不盈掬，通犀銙小圆复窊[②]。鄙哉谷雨枪与旗，多不足贵如刈麻[③]。建安太守急寄我，香箬包裹封题斜。泉甘器洁天色好，坐中拣择客亦嘉。新香嫩色如始造，不似来远从天涯。停匙侧盏试水路，拭目向空看乳花。可怜俗夫把金锭[④]，猛火炙背如虾蟆[⑤]。由来真物有真赏，坐逢诗老频咨嗟[⑥]。须臾共起索酒饮，何异奏雅终淫哇[⑦]。

注释 ① 此句言喊山习俗。② 通犀：犀角的一种。这里比喻茶之形状。③ 枪与旗：指茶叶。宋以芽茶为上。此句言谷雨时节枪旗已不足贵，多如割麻。④ 金锭（dìng）：这里指京铤茶。原注：锭，一作“挺”，一作“铤”。《茶录》多用“挺”字，为古。⑤ 猛火炙背如虾蟆：陆羽《茶经》：炙茶，“持以逼火，屡其翻正，候炮出培塿，状虾蟆背”。⑥ 诗老：指梅尧臣。咨嗟：赞叹。⑦ 淫哇：淫邪之声，多指乐曲诗歌。此句言茶与酒是雅俗之别。

导读 作者欧阳修（1007—1072），吉州吉水（今属江西）人，字永叔，号“醉翁”，晚号“六一居士”。博学多能，有志于史学、文学，撰成《新五代史》，奉诏与宋祁等修《新唐书》，写成《集古录》等。有《欧阳文忠公文集》。圣俞，梅尧臣的字。前四句言建安喊山的习俗，击鼓叫喊，祈盼茶发芽。建安太守以箬叶包裹当地的茶寄给诗人，恰“泉甘器洁天色好，坐中拣择客亦嘉”，以茶匙击拂茶汤，使之呈乳花状，引得梅尧臣频频赞叹。

次韵和永叔尝新茶杂言

自从陆羽生人间，人间相学事春茶。当时采摘未甚盛，或有高士烧竹煮泉为世夸[①]。入山乘露掇嫩嘴[②]，林下不畏虎与蛇。近年建安所出胜，天下贵贱求呀呀[③]。东溪北苑供御余，王家叶家长白牙[④]。造成小饼若带銙[⑤]，斗浮斗色倾夷华。味久回甘竟日在，不比苦硬令舌窊[⑥]。此等莫与北俗道，只解白土和脂麻[⑦]。欧阳翰林最别识，品第高下无欹斜[⑧]。晴明开轩碾雪末[⑨]，众客共赏皆称嘉。建安太守置书角[⑩]，青箬包封来海涯[⑪]。清明才过已到此，正见洛阳人寄花。兔毛紫盏自相称[⑫]，清泉不必求虾蟆[⑬]。石瓶煎汤银梗打[⑭]，粟粒铺面人惊嗟[⑮]。诗肠久饥不禁力[⑯]，一啜入腹鸣咿哇。

注释 ① 高士：指隐居不仕或修炼者。② 嫩嘴：指鲜嫩的茶叶。③ 呀呀：张口貌。④ 王家叶家长白牙：指白叶茶。据宋子安《东溪试茶录》载，白叶茶自王家者有王大照，自叶家者有叶仲元、叶久等。苏轼《寄周安孺茶》："自云叶家白，颇胜中山酥。" ⑤ 带銙：亦作"带胯"，佩带上衔蹀躞之环，用以挂弓矢刀剑。此处比喻茶饼。⑥ 窊（wā）：卷缩。⑦ 脂麻：芝麻。⑧ 攲（qī）斜：倾斜。⑨ 雪末：指茶末如雪。⑩ 书角：书，信件。角，茶角，指封装茶叶的器物。⑪ 青篛（ruò）：包藏茶叶之用。蔡襄《茶录》："茶宜篛叶而畏香药，喜温燥而忌湿冷。故收藏之家，以篛叶封裹入焙中，两三日一次，用火常如人体温，温以御湿润。" ⑫ 兔毛紫盏：建盏的一种。釉色如兔毫，称为兔毫盏。⑬ 虾蟆：泉名。张又新《煎茶水记》："峡州扇子山下有石突然，瀼水独清冷，状如龟形，俗云虾蟆口水，第四。" ⑭ 银梗：茶匙，银制。⑮ 粟粒铺面：指点茶时盏面之象，如谷物颗粒状。赵佶《大观茶论》："三汤多寡如前，击拂渐贵轻匀，周环旋复，表里洞彻，粟文蟹眼，泛结杂起，茶之色十已得其六七。" ⑯ "诗肠久饥不禁力"，化用卢仝诗，"三碗搜枯肠，唯有文字五千卷"。

导读 作者梅尧臣（1002—1060），宣州宣城（今属安徽）人，字圣俞，世称"宛陵先生"。少即能诗，与苏舜钦齐名，时号"苏梅"。为诗主张写实，反对西昆体，所作力求平淡、含蓄。有《宛陵先生文集》《唐载记》《毛诗小传》等。此诗是欧阳修《尝新茶呈圣俞》的和诗。二诗的内容亦相互呼应。东溪北苑、王家叶家，都是优质建茶的来源地。"味久回甘竟日在"，言建茶回甘、有余味的感官品质，引得众客称赞。

送南屏谦师[①]，并引

南屏谦师妙于茶事，自云：得之于心，应之于手，非可以言传学到者。十二月二十七日，闻轼游落星[②]，远来设茶，作此诗赠之。

道人晓出南屏山，来试点茶三昧手[③]。忽惊午盏兔毛斑[④]，打作春瓮鹅儿酒。天台乳花世不见，玉川风腋今安有。先生有意续《茶经》，会使老谦名不朽。

注释 ① 南屏：山名，位于浙江省杭州市。谦师：南屏山麓净慈寺高僧。② 落星：落星寺，在江西南康军（今星子县）。《方舆胜览》："《舆地广记》：昔有僧坠水化为石，夏秋之交，湖水方涨，则星石泛于波澜之上。至隆冬水涸，则可以步涉，寺居其上，曰法安院。" ③ 三昧手：三昧，奥妙、诀窍。这里指南屏谦师在点茶方面的修为与境界。④ 兔毛斑：指兔毫盏。

导读 作者苏轼（1037—1101），眉州眉山（今属四川）人，字子瞻，号东坡居士。举进士，复举制科。追谥文忠。与父洵、弟辙合称“三苏”，均入“唐宋八大家”之列。有“东坡七集”、《东坡志林》《东坡乐府》等。苏轼爱茶，留下多篇脍炙人口的茶文学作品。此诗的主角是南屏谦师，他善点茶，做到了“得之于心，应之于手”。他听说苏轼到了落星寺，特来设茶，苏轼以诗赠答。

浣溪沙

元丰七年十二月二十四日，从泗州刘倩叔游南山[①]。

细雨斜风作小寒，淡烟疏柳媚晴滩[②]。入淮清洛渐漫漫[③]。

雪沫乳花浮午盏，蓼茸蒿笋试春盘[④]。人间有味是清欢[⑤]。

注释 ① 泗州：安徽泗县。刘倩叔：名士彦，泗州人，生平不详。南山：在泗州附近，淮河南岸。② 晴滩：指南山附近的十里滩。③ 洛：安徽洛河。漫漫：平缓貌。④ 蓼（liǎo）茸：蓼菜嫩芽。试春盘：古代风俗，立春日以韭黄、果品、饼饵等簇盘为食，或馈赠亲友，谓“春盘”。因时近立春，故此云“试”。⑤ 清欢：清雅恬适之乐。

导读 元丰七年（1084），作者苏轼路过泗州，友人刘倩叔携他同游南山。上阕写景，微寒的天气，有细雨斜风。从山上远望，淡烟疏柳，洛水清波。下阕言事，友人款待喝茶，吃春盘，使得诗人感慨道：“人间有味是清欢。”

满庭芳·茶

北苑春风，方圭圆璧[①]，万里名动京关。碎身粉骨[②]，功合上凌烟。樽俎风流战胜，降春睡、开拓愁边[③]。纤纤捧，研膏溅乳，金缕鹧鸪斑[④]。

相如虽病渴，一觞一咏[⑤]，宾有群贤。为扶起樽前，醉玉颓山[⑥]。搜搅胸中万卷，还倾动、三峡词源[⑦]。归来晚，文君未寝[⑧]，相对小窗前。

注释 ① 圭、璧：指饼茶。② 碎身粉骨：指将饼茶碾成茶末。③ 此句言饮茶可解酒、提神、消愁。④ 鹧鸪斑：建州茶盏，釉色如鹧鸪鸟的斑纹。杨万里《和罗巨济山居十咏》：“自煎虾蟹眼，同瀹鹧鸪斑。”⑤ 一觞一咏：饮酒赋诗。王羲之《兰亭集序》：“虽无丝竹管弦之盛，一觞一咏，亦足以畅叙幽情。”⑥ 醉玉颓山：刘义庆《世说新语·容止》：“嵇叔夜之为人也，岩岩若孤松之独立；其醉也，傀俄若玉山之将崩。”后以“醉玉颓山”形容男子风姿挺秀，酒后醉倒的风采。⑦ 三峡词源：喻滔滔不绝的文辞。杜甫《醉歌行》：“词源倒流三峡水，笔阵独扫千人军。”⑧文君：指卓文君。汉临邛富翁卓王孙之女，貌美，有才学。司马相如饮于卓氏，文君新寡，相如以琴曲挑之，文君遂夜奔相如。这里指作者妻子。

导读 作者黄庭坚（1045—1105），洪州分宁（今江西修水）人，字鲁直，号“山谷道人”。第进士。博学，精行、草书，尤工诗文，有文集传世，与苏轼齐名，号称“苏黄”。有《山谷集》。黄庭坚诗学杜甫，讲求学古、融古，有“点铁成金”之说。同时追求创新，是“江西诗派”的开山祖。《满庭芳》词咏北苑茶，它声名远扬，“碎身粉骨”，碾成茶末，点成一盏能“降春睡、开拓愁边”的茶。下阕大量用典，以司马相如、嵇康、杜甫等典故揭示茶之功勋。

与客啜茶戏成

道人要我煮温山，似识相如病里颜。金鼎浪翻螃蟹眼[①]，玉瓯绞刷鹧鸪斑。津津白乳冲眉上[②]，拂拂清风产腋间[③]。唤起晴窗春昼梦，绝怜佳味少人攀。

注释 ①螃蟹眼：指水沸时水泡的大小，状如蟹眼。②津津：液汁渗出貌。③此句化用卢仝《走笔谢孟谏议寄新茶》诗：“七碗吃不得也，唯觉两腋习习清风生。”

导读 作者释德洪（1071—1128），筠州新昌（今江西宜丰）人，一名惠洪，号觉范。俗姓喻。工书善画，尤擅绘梅竹，多与当时知名士大夫交游，于北宋僧人中诗名最盛。有《石门文字禅》《天厨禁脔》《冷斋夜话》《林间录》《禅林僧宝传》等。温山，宋代地名，今重庆涪陵一带，产茶。候汤时，观察水泡大小以掌握水沸程度，故有虾目、蟹眼、鱼眼之比喻。温山茶经“绞刷”而生津津白乳，饮罢，感到“拂拂清风产腋间”，直叹其“绝怜佳味少人攀”。

好事近·茶

宴罢莫匆匆，聊驻玉鞍金勒[①]。闻道建溪新焙，尽龙蟠苍璧[②]。
黄金碾入碧花瓯[③]，瓯翻素涛色。今夜酒醒归去，觉风生两腋。

注释 ①金勒：金饰的带嚼口的马络头。②龙蟠苍璧：茶饼圆如璧形，其上有龙蟠花纹。③黄金碾：茶碾，范仲淹《和章岷从事斗茶歌》：“黄金碾畔绿尘飞，紫玉瓯心翠涛起。”

导读 作者王庭圭（1079—1171），吉州安福（今江西吉安）人，字民瞻，自号卢溪老人、卢溪真逸。政和八年（1118）进士。为诗雄浑。有《卢溪集》《卢溪词》。该词讲述了宴会结束前恰有来自建溪的新茶，制作精致，形如圆璧，上有龙蟠纹。碾成茶末，投入茶瓯中，开始点茶，顷刻间茶汤如雪乳素涛。饮此茶，恰能醒酒，顿觉“两腋习习清风生”。

临安春雨初霁①

世味年来薄似纱，谁令骑马客京华②。小楼一夜听春雨，深巷明朝卖杏花。矮纸斜行闲作草③，晴窗细乳戏分茶④。素衣莫起风尘叹⑤，犹及清明可到家。

注释 ①霁：雨后初晴。②京华：京城。这里指临安（今浙江杭州）。③矮纸：短纸。作草：写草书。④分茶：注汤后用茶筅搅动茶乳，使汤水波纹幻变成种种形状。⑤素衣：白色的衣服，比喻清白的操守。

导读 作者陆游（1125—1210），越州山阴（今浙江绍兴）人，字务观。游以文字交，不拘礼法，人讥其颓放，故自号放翁。工词及散文，尤长于诗。其诗多沉郁顿挫、感激豪宕之作，与尤袤、杨万里、范成大并称为“中兴四大家”。有《剑南诗稿》《渭南文集》《南唐书》《老学庵笔记》等。陆游客居临安，听雨无眠，感叹人世情味的淡薄。天刚亮，巷子里传来卖杏花的吆喝声，诗人闲来无事，拿出纸张写草书，又在细乳状的茶汤上分茶游艺。诗人不肯因为世俗而改变内心清白的操守，仍旧怀着一颗赤子之心，欲在清明时节回到故乡山阴。

澹庵坐上观显上人分茶

分茶何似煎茶好？煎茶不似分茶巧。蒸水老禅弄泉手①，隆兴元春新玉爪②。二者相遭兔瓯面③，怪怪奇奇真善幻。纷如擘絮行太空④，影落寒江能万变。银瓶首下仍尻高⑤，注汤作字势嫖姚⑥。不须更师屋漏法⑦，只问此瓶当响答。紫微仙人乌角巾⑧，唤我起看清风生。京尘满袖思一洗，病眼生花得再明。汉鼎难调要公理，策勋茗碗非公事⑨。不如回施与寒儒，归续《茶经》传衲子⑩。

注释 ①蒸水：煎水。②隆兴：宋孝宗赵眘的年号。玉爪：指茶叶。③兔瓯：兔毫盏。④擘（bò）絮：撕碎的丝絮。⑤银瓶：煮茶水用的瓶。首下尻高：形容汤瓶注水时的姿态。⑥嫖姚：矫捷强劲。⑦屋漏：即屋漏痕，草书的一种笔法。谓行笔须藏锋。⑧紫微：道教称仙人所居。乌角巾：古代葛制黑色有折角的头巾。常为隐士所戴。⑨ 策勋：把功勋记录在简策上，且定其次第。⑩ 衲子：僧人。

导读 作者杨万里（1127—1206），吉州吉水（今江西吉水）人，字廷秀，号诚斋。宋高宗绍兴二十四年（1154）进士。工诗，自成诚斋体，与尤袤、范成大、陆游并称“中兴四大家”。有《诚斋集》。此诗为描写分茶的经典作品。首句即指出煎茶与分茶之别，直言分茶之巧，正如下文所说的“怪怪奇奇真善幻”。以汤瓶点汤作字，使得诗人清心，为之一振，病眼生花。

好事近·咏茶筅[1]

谁斫碧琅玕[2]，影撼半庭风月。尚有岁寒心在，留得数茎华发[3]。

龙孙戏弄碧波涛[4]，随手清风发。滚到浪花深处，起一窝香雪[5]。

注释 ① 茶筅：击拂茶汤之用，点茶师先用一茶勺，将茶末投入盏中，冲入沸水，用茶筅击拂，使之产生沫饽。赵佶《大观茶论》：“茶筅以筯竹老者为之。身欲厚重，筅欲疏劲，本欲壮而末必眇，当如剑瘠之状。盖身厚重，则操之有力而易于运用，筅疏劲如剑瘠，则击拂虽过而浮沫不生。”② 琅玕（láng gān）：翠竹的美称，白居易《浔阳三题·湓浦竹》：“剖劈青琅玕，家家盖墙屋。”是制作茶筅的材料。③ 此句指茶筅的形制：精细切割形成的细条状。④ 龙孙：竹子的别称。⑤ 香雪：指茶汤。

导读 作者刘过（1154—1206），吉州太和（今江西泰和）人，字改之，号龙洲道人。一生力主抗金，曾为陆游、辛弃疾赏识。诗多悲壮之调，词则感慨国事。有《龙洲集》《龙洲词》。此词上阕言茶筅的制作，富有诗情画意。下阕说的是茶筅的功用，栩栩如生。以茶筅击拂茶汤，巧用“戏弄”一词。白色鲜香的汤花，以“一窝香雪”比喻。以此结句，疏朗明快，茶筅形象立现。

谢薛总干惠茶盏

色变天星照[1]，姿贞蜀土成[2]。视形全觉巨，到手却如轻。盛水蟾轮漾[3]，浇茶雪片倾。价令金帛贱，声击水冰清。拂拭忘衣袖，留藏有竹斗。入经思陆羽，联句待弥明[4]。贪动丹僧见，从来相府荣。感情当爱物，随坐更随行。

注释 ① 此句指茶盏釉色，似曜变。② 蜀土：蜀地。③ 蟾轮：指圆如月亮。④ 联句待弥明：联句，即《石鼎联句》。弥明，即衡山道士轩辕弥明。见韩愈《石鼎联句诗序》。

导读 作者徐照（？—1211），永嘉（今浙江温州）人，字道晖，一字灵晖，自号山民。工诗，尚晚唐贾岛、姚合，多闲逸写景之作，有诗数百，琢思奇异，为南宋诗坛“永嘉四灵”之一。有《芳兰轩集》。据黄杰考证，此诗为类似曜变茶盏的文献史料。它有坚贞的资质，形体巨大，拿在手里分量却很轻盈。它价值连城，令金帛相形见绌，轻轻叩击，发出如寒冰一样清脆的声音。以衣袖拂拭它，小心收藏在竹斗里。它的珍贵，若陆羽在世，当会写入《茶经》。轩辕弥明也会依《石鼎联句》为它吟咏。连僧人见它，也要动贪念，而它从来就是达官贵人的宠荣之物，更是诗人随身携带之物。

兔毫盏歌

土人掘地得甆碗，厥制浑厚朴而质。浅中甓口无文采，沃以浓釉黝如漆。野老拾归不知爱，但与儿童盛枣栗。时有流传好事家，云是古窑之所出。在昔建窑最擅名，此盏形模略仿佛。或如点点鹧鸪斑，亦有毵毵兔毫茁[①]。是由釉足生菁华，粗者但取色纯黳[②]。岂无官哥柴汝定，要是斗茶用自别。茶白盏黑色乃分，一水两水辨毫发。况闻点茶须熁盏[③]，坏厚熁之能久热[④]。方法近今久不传，翻笑先民制器拙。古今好尚随世移，粗陈梗概吾能说。古人制茶用模卷，南唐京铤夸殊特[⑤]。厥后制焙益精妙，就中水芽世莫捋。银线一缕湛清泉，造成龙团白胜雪。头纲争及仲春前，三千五百里飞驲[⑥]。民间亦竞致奇品，小团新銙纷罗列。当其点试殊烦劳，椎钤罗磨事非一[⑦]。器具更复选精良，碾匙贵银贱用铁。自非雅尚名士夫，伧父那能为此设[⑧]。迩来制法极粗疎，嫩芽成叶始采撷。饼茶存末叶留膏，宁供赏玩但止渴。亦有香味别淄渑，雪碗冰瓯细咀啜。此盏虽存不适用，有如黉舍遗琴瑟[⑨]。或云古人昧茶性，如酒泻醴哺糟秝。和以沉脑助香郁，更投花菓资点缀。幻茶成字果何术，徒夸三昧逞小黠[⑩]。何如叶茶茶味全，别有天然真香发。陆经蔡谱互讥褒，口腹何庸较得失。令我即事生感吁，抚今追昔空喽嘌[⑪]。宋元民苦官场扰，先春火急催省帖。二百二户困签丁，一方骚动无宁室。祇今重利归大贾，连艘列舶走东粤。番夷互市谁作俑，贱夫陇断操赢绌。客氓麕至来不已[⑫]，遂使山薮多藏慝。依岩阻险葺茅茨，千冈万垅皆童突[⑬]。林木扫空无余荫，土脉疏薄泉眼竭。当春苦潦夏苦旱，腴田沃壤变砂堀。初开北苑后武夷，蔓延瓯西势未歇。直恐东西争擅奇，建州寸土寸开垡。拔茶栽桑伊何人，创非常原赖豪杰。我曾发愤陈刍议[⑭]，做古限年著为律。但采旧荈禁新畬，数十年便成枯叶。曲突徙薪谋不用[⑮]，书生之论本迂阔。眼看茶市闹如云，枉用杞忧怀菀结。呼僮洗盏酌村醸，一枕瞢腾醉兀兀[⑯]。

注释 ① 毵（sān）毵：毛发、枝条等细长垂拂、纷披散乱的样子。此处形容茶盏上的兔毫。② 黦（yuè）：黄黑色。③ 熁（xié）：烤。④ 坏（péi）：未经烧成的砖瓦陶器。⑤ 京铤：茶名。⑥ 驲（rì）：古代驿站所用的驿车或马匹。⑦ 椎钤罗磨：与下句之“碾匙”，皆为茶器，见蔡襄《茶录》。⑧ 伧父：晋南北朝时，南人讥北人粗鄙，蔑称之为“伧父”。⑨ 黉（hóng）舍：借指学校。⑩ 小黠（xiá）：小聪明。⑪ 喽嘌（lóu lì）：《广韵》：“言不了也。”⑫ 麇（jūn）至：纷纷到来。⑬ 童突：光秃秃的样子。⑭ 刍议：原注：予有《禁开茶山议》。言茶山有三害：藏奸聚盗、多耗食米、损坏田土。⑮ 曲突徙薪：比喻事先采取措施，以防患未然。⑯ 瞢（méng）腾：形容模模糊糊，神志不清。

导读 作者蒋蘅（1793—1857），瓯宁（今福建建瓯）人，初名殿元，字拙斋。清嘉庆二十四年（1819）举人。喜治汉学，名其堂曰“耘经”，学问渊沉而雅博。喜山水，爱武夷五曲水云寥，岩壑幽奇，自号云寥山人。晚主讲浦城南浦书院，门下如许赓皞、许方宇、祝广生、朱篪、黄横、杨勋皆一时之秀。有《云寥山人文钞》《云寥山人诗钞》。诗人将建盏及其所处的时代背景一一点出，“或如点点鹧鸪斑，亦有毵毵兔毫茁”，言其釉色。“茶白盏黑色乃分，一水两水辨毫发”，言其功用。“此盏虽存不适用，有如黉舍遗琴瑟”，言其消亡。诗歌后半部分，延伸至明清时期建州茶业的兴衰历程。

第二节　点茶绘画

图 5-1　撵茶图
（绢本设色，纵 66.9 厘米、横 44.2 厘米，台北故宫博物院藏）

解读 作者刘松年（约 1155—1218），钱塘（今浙江杭州）人。南宋孝宗、光宗、宁宗三朝的宫廷画家。孝宗绍熙间为画院待诏，师事张敦礼，善画人物、山水，名过于师。宁宗朝进《耕织图》称旨，赐金带，被誉为画院中人“绝品”。与李唐、马远、夏珪合称南宋山水画四大家。因居于清波门，故有刘清波之号。《撵茶图》为白描，工笔构图，描绘了磨茶、点茶、作书的文人雅集场景。画中左前方一仆人坐于长条矮几上，右手用茶磨磨茶。旁边的方桌上陈列着各类茶具：茶筅、茶盏、盏托、茶罗、茶盒等。另一仆人正伫立桌边，右手持汤瓶，于大汤甓中点茶，然后再分舀小盏饮茶。他左手桌旁有一风炉，炉上有一铫，正在煮水。画面右侧有三人，一僧伏案执笔书写，两位士人在旁而坐，正在观赏僧人的作品。画面充分展示了文人雅集品茗、赏字的生动场面，也再现了两宋流行的点茶技艺。

图 5-2　文会图
（绢本设色，纵 184.4 厘米、横 123.9 厘米，台北故宫博物院藏）

解读 作者赵佶（1082—1135），宋神宗子，哲宗弟。绍圣三年（1096）封端王，元符三年（1100）即位。工书，称“瘦金体”，有《千字文卷》传世。擅画，有《芙蓉锦鸡》等存世。又能诗词，有《宣和宫词》等。精于茶事，撰有《大观茶论》。《文会图》画面左上御题：“题文会图：儒林华国古今同，吟咏飞毫醒醉中。多士作新知入彀，画图犹喜见文雄。”该画作描绘的是文士雅集茶会的场景。园林中绿草如茵，雕栏环绕，树木扶疏，巨大的桌案上有茶与各类茶点。画面下方，侍者忙着候汤、点茶、分茶与奉茶。画中的人物姿态生动有致，呈现出文人学士品茶畅谈之景。

图 5-3　斗茶图
（绢本设色，纵 34.1 厘米、横 40 厘米，黑龙江省博物馆藏）

解读　此画作者无考，生动地描绘了宋代民间斗茶的情景。画面上有六个平民装束的人物，各自携带茶具、茶炉及茶叶，左边三人中一人正在炉上煎茶，一人正持盏提壶将茶汤注入盏中，另一人手提茶壶似在炫耀自己的茶叶。右边三人中两人正在仔细品饮，一人腰间带有专门盛装茶叶的小茶盒，并且手持茶罐作研茶状，同时三人似乎都在认真倾听对方的介绍，也准备发表斗茶高论。整个画面人物神态、动作刻画逼真，栩栩如生，再现了宋时的斗茶情景。

图 5-4　五百罗汉图（局部）
（绢本设色，纵 111.5 厘米、横 53.1 厘米，日本京都大德寺藏）

解读 现藏于日本京都大德寺的《五百罗汉图》，画作为南宋明州(今浙江宁波)惠安院僧人义绍从孝宗淳熙五年(1178)开始，化缘十年，委托画家林庭珪、周季常两人绘制，并舍入寺院的画作，总数达100幅。当时，渡海来宋的日本僧人在天童禅寺求法，义绍感其心诚，以“大千世界佛日同辉”为旨，将百幅《五百罗汉图》相赠，画作被带回日本，初藏镰仓寿福寺，后几经转藏，最终藏京都大德寺至今。其中《备茶图》与《吃茶图》两幅画作生动反映了南宋时期江南地区寺院僧人备茶、饮茶的情形。画中侍者左手持茶瓶，右手举朱漆茶筅于黑釉茶盏上击拂点茶，为我们呈现了僧人点茶、吃茶的生动情景。

思考题

1. 请指出兔毫、鹧鸪斑、蟹眼、粟粒等词语的茶文化含义。
2. 请结合茶史，说说“茶白盏黑色乃分，一水两水辨毫发”的含义与道理。
3. 请寻找其他体现宋代茶事的绘画作品，并解读画作所包含的信息。
4. 请结合一次点茶经历与体验，创作一首诗词作品。

第六章　宋代点茶的传播与影响

明代，朱元璋颁布诏令“罢造龙团，惟采芽茶以进”，废除团茶而造散茶，该诏令开启了茶叶制作及品饮方式的重大变革。散茶的普及确立了泡茶道的主流地位，而末茶视野下的点茶法则逐渐式微，以至于后世不知“茶筅”为何物。然而，宋代点茶传至日本，延续并丰富了点茶法的文化与生命。本章节介绍宋代茶与茶文化在东亚的传播过程、日本茶道的基本概况，以此观察宋代点茶对日本煎茶道、抹茶道的影响。

第一节　中国茶与茶文化在东亚的传播

一、宋代茶叶的传播

茶文化起源于巴蜀，随着时代的发展，逐渐往东部和南部传播，饮茶风尚遍及全国。至唐代，茶随着遣唐使又传至朝鲜半岛、日本等地区；16 世纪后中国茶漂洋过海，销往西方。如今这片来自东方的树叶香传全球、名扬世界。

早期中国茶叶传播到其他国家的方式，一般是通过来华的僧侣和使臣，由他们将茶叶带往周边的国家和地区。由此，中国茶及其生产技术、饮用方法得以在其他国家流传。例如日本茶叶的种植、加工与品饮都深受中国的影响，日本的“赏唐物”品鉴活动是对舶来品的展示与欣赏（图 6-1）。这些鉴赏物主要来自中国，其中包括茶碗。对这一唐物宝藏的鉴赏、应用孕育了日本茶道的前身——书院茶道。也有将茶叶作为礼品，通过派出的使节，以馈赠形式与各国上层进行物质交换。郑和下西洋途中将中国的茶叶、瓷器、丝绸等商品带到东南亚，并换回各国的奇珍异宝。或者通过贸易往来，将茶叶作为商品输往国外。17 世纪，发源于福建武夷山星村的小种红茶（Lapsang Souchong），曾让外国人达到痴迷的程度，也促使了英国英式下午茶的形成与发展。

图 6-1 曜变盏
（日本藤田美术馆藏）

社会经济的繁荣促使茶业蓬勃发展，而茶业也逐渐成为商品经济中的亮点。无论是中原地区，还是边疆地区都离不开茶，茶自古就成为“柴米油盐酱醋茶”中不可缺少的一部分。茶业的发展，为各民族及与周边国家的经济文化交流做出了重要贡献。

二、日本茶道的形成与发展

在漫长的历史演变过程中，原产于中国的茶及饮茶习俗，以不同的方式向世界各国传播，并与各国的风土人情相结合，逐渐演化形成各具特色的饮茶习俗。茶叶通过僧侣传入日本后，深受日本人的喜爱。日本茶道是源于中国、开花结果于日本的高层次生活文化。

按照日本历史发展阶段对应中国的朝代，日本茶道的形成与发展大体可以分为三个时期，主要代表人物及相对应的贡献如表 6-1 所示。

表 6-1 日本茶道发展简表

	时期	中国朝代	发展阶段	阶级	形式	代表人物、事件
第一时期	平安时代	唐朝	萌芽时期	贵族、天皇、高级僧侣	仿唐风、赏唐物等先进风雅之事	最澄、空海被称为日本种茶始祖
第二时期	镰仓、室町、安士、桃山时代	宋朝	发展期	寺院茶、门茶、书院茶礼	日本吸收反刍中华茶文化，茶文化内容逐渐丰富，完成日本茶道草创期	1. 荣西被称为日本“茶祖” 2. 茶道之开山者村田珠光开辟禅茶一味 3. 武野绍鸥为日本茶道精神“和、静、清、寂”的确立奠定基础 4. 千利休成为日本茶道大师，千利休的子孙后代开辟了日本茶道二十几个不同流派
第三时期	江户时代	元明	成熟期	各个阶层	茶道百花齐放，分出许多流派，又兴起煎茶道	1. 千利休之孙千宗旦之后形成三千家流派：里千家、表千家、武者小路千家 2. 千利休七大弟子：利休七哲

根据日本茶道的时代发展脉络，将表 6-1 中的代表人物与茶道之间的关系予以阐述：

（一）平安时代

中日两国间文化交流历史悠久，隋唐时期以佛学交流最为活跃。在中国，茶与儒释道三教合一，其中茶与佛教的联系最为紧密，“禅茶一味”便是典型的代表。中日交流过程推动了佛学的发展也促进茶文化的交流，日本饮茶仪式能发展成茶道，是与佛教禅宗相结合的结果。隋文帝开皇年间（581—600）茶叶随着中土文化及佛教传入日本，圣武天皇天平元年（729）召集高僧百人在宫中诵经，法会后有施茶仪式，此时的茶叶已经受到统治阶层的重视并作为赏赐的珍物。但茶叶在日本种植与加工的开始时间是在中唐以后，日本传教大师最澄到中国天台山国清寺学佛，805 年归国时将茶籽带回日本，播种在近江（滋贺县）坂本的日吉神社，该茶园是日本最早的茶园。

与最澄同年来华求学的另一位僧人弘法大师空海于 806 年归国时从中国带回大量典籍、书画、法典、茶叶等物。其中不仅带回茶籽，还带回制茶器具及中国茶的蒸、捣、焙等制茶技艺，并将带回的茶叶进献给嵯峨天皇。

815 年，僧人永忠进献的茶深得嵯峨天皇的喜爱和重视。于是天皇下诏在近江（滋贺）、丹波（京都、兵库）、播磨（兵库）等地种植茶叶，并在宫城东北角辟茶园，设造茶所。此时饮茶已是皇室、贵族、高僧等上层社会模仿唐风中土文化的风雅之事。在嵯峨天皇执政的弘仁年间，日本茶文化进入黄金时期，形成“弘仁茶风”，但尚未普及至平民百姓。

（二）镰仓、室町、安士、桃山时代

自唐代茶由日本僧人最澄、空海等人传入日本后，日本的饮茶风气日渐浓厚。但形成具有独特文化特色的日本茶道是在宋代时期。当时，日本僧人在中国祖庭寺庙学佛，回国时将中国的茶叶、茶具以及一些茶仪带入了日本，这些物品对日本茶道的形成产生了较大的影响。

1. 荣西禅师

荣西禅师于 1168 年到浙江明州天台山万年寺、国清寺，宁波郊外阿育王寺等处留学，当时宋朝饮茶风气盛行，茶肆遍布各地，“斗茶”成为人们茶余饭后的雅事，茶叶因与禅的结合也流行于寺庙中。荣西在中国学佛前后长达 24 年，中途仅短暂回国一次。1191 年，荣西归国并带回茶籽及宋点茶器具，将茶籽播种于九州背振山灵仙寺石上坊。1207 年，明惠将荣西所赠茶种植于木母尾高山寺，后逐渐广植于宇治、伊势、骏河、川越等地。荣西禅师于 1211 年著的《吃茶养生记》，是日本第一部茶书，是书阐扬饮茶益处，结合五行、中医阐述茶叶对身体的保健作用，主要体现茶的药用功能。书中开篇便写道“茶也，末代养生之仙药，人伦延龄之妙术也”，劝导人们要多喝茶。随着饮茶风气在日本社会普及，茶园面积也不断地扩大，名茶产地陆续增加，僧人为济民而施茶，喝茶风气由上层阶级普及到平民百姓，茶叶也从药用功能转变成为日常饮品。荣西因对日本茶文化作出的巨大贡献而被

称为日本的“茶祖”。

室町幕府中期举行茶会的地点由茶亭改为“座敷”（铺席大厅），贵族着重品玩名贵茶器（尤以唐器为贵）。在古代，日本将茶看作一种奢侈品、一种文化载体，饮茶曾被皇族、高僧们当作模仿唐风生活的媒介。而平民百姓茶会则是无拘无束地集饮茶，类似在中国茶馆饮茶，这是日本茶道的雏形。

2. 村田珠光与武野绍鸥

正式首创日本茶道的是村田珠光（1423—1502），他将禅宗思想引入茶道，形成独特的古朴乡村风格——草庵风格。按照禅宗寺院简单朴实，沉稳寂静的饮茶方式，改茶室空间为四叠半，增设壁龛及地炉，开创“草庵茶法”。珠光通过禅的思想，把茶道由一种饮茶娱乐形式提升为一种艺术、一种哲学、一种宗教。珠光完成了茶与禅、民间茶与贵族茶的结合，为日本茶文化注入了内核、夯实了基础、完善了形式，从而将日本茶文化真正上升到了“道”的位置。

武野绍鸥（1502—1555）发扬珠光的理念，草庵式茶室，采用田舍风“地炉”的建筑，使用日本本土茶具、器物，不再使用中国来的舶来品，开创“空寂茶道”：在质朴之中，满足于“不足”；培养内心“真诚”的待客之道。绍鸥认为“正直、谨慎、不骄慢”就是空寂，将日本文化融入茶道，为日本茶道进一步民族化、规范化作出了巨大贡献。他的另一个功绩是对弟子千利休的教育和影响，培养出日本茶道的集大成者。

3. 千利休

千利休（1522—1591）继承武野绍鸥的“空寂茶道”，以简单朴拙的手法，表达茶会的旨趣和茶道的奥义，是日本茶道的集大成者（图 6-2）。日本茶道的发展与当时国情相关：当时正处于战国时代，宁静的茶室可以慰藉日本武士集团的心灵，使他们忘记战场的厮杀，抛开生死的烦恼，所以静下心来点一碗茶成了武士们日常生活中不可缺少的内容。千利休

图 6-2　千利休画像

是丰臣秀吉的茶道老师，在秀吉掌握政权之后，千利休成了秀吉的茶头（茶道师范）。一个是天下屈指可数的茶人，一个是掌握政权的领导者，两人相互促进，相互成就，使茶文化的影响力不断扩大。千利休对日本茶道发展的贡献主要是，主张“本来无一物”的茶道思想，追求古朴简约的风格。首先，千利休的茶道思想在村田珠光、武野绍鸥思想的基础上进行了改进，摆脱了物质因素的束缚，清算了拜物主义风气。其次，千利休对日本茶会形式也有所改变，坚决去掉酒宴，专心体验茶事，提出“利休七则”：（1）茶要用心去点；（2）炭要摆放适当；（3）花要再现自然；（4）要做到冬暖夏凉，有季节感；（5）要在茶会开始前提前抵达；（6）要做好万全的准备；（7）主客之间、客人之间要相互尊重。

同时，对于茶事器具的选择，千利休主张利用生活中的器具，例如使用朝鲜半岛庶民用来吃饭的碗来当茶碗，用渔人捕鱼用的小竹笼当花器等，化腐朽为神奇，追求生活之淳朴，自然之原始美。千利休将茶室进一步草庵化，除了标准规格的四叠半茶室外，他还设计了如三叠、二叠、一叠半的小空间茶室；在茶室中设计了供客人进出的小出入口，客人不分贵贱从此出入，充分体现千利休所信奉的茶道平等观。另外还在茶室中开设窗户，以微妙的明暗分布，营造最佳氛围等。

千利休对日本文化艺术的影响超过了茶道本身的范畴，扩大到建筑、庭院、服饰、烹饪、工艺、美术等各个方面。人们把千利休喜爱的东西，或者按照他审美观设计出来的东西都以“利休”命名，例如利休扇子、利休木屐等。

（三）江户时代

千利休被丰臣秀吉赐死后，其第二子少庵继续复兴千利休的茶道。少庵之子千宗旦继承其父，终生不仕，专心茶道，再兴千家茶道。千宗旦以后形成三千家的局面，即里千家、表千家与武者小路千家。至今三千家还是日本最兴盛最主要的茶道流派，是日本茶道的栋梁与中枢，培育了众多茶道人才。

表千家，始祖为千宗旦的第三子江岑宗左。其总堂茶室就是“不审庵”。表千家为贵族阶级服务，他们继承了千利休传下的茶室和茶庭，保持了正空寂茶的风格。里千家，始祖为千宗旦的小儿子仙叟宗室。里千家实行平民化，他们继承了千宗旦的隐居所“今日庵”。由于今日庵位于不审庵的内侧，所以不审庵被称为表千家，而今日庵则称为里千家。武者小路千家，始祖为千宗旦的二儿子一翁宗守。其总堂茶室号称“官休庵”，该流派是“三千家”中最小的一派，以宗守的住地武者小路而命名。

除了三千家之外，继承利休茶道的还有他的七大弟子，以古田织部为首的七个弟子（武将）号称“利休七哲”，在茶道上仍然极为活跃。

明清散茶沏饮的方式于1654年（江户幕府初期）由明朝僧人隐元传入日本，此种品饮方式逐渐演变成日本当今的“煎茶法”，首先是永谷宗圆于1738年在碾茶基础上创制煎茶（时称青制），经卖茶翁设茶亭一服一钱，品茶论人生，普及煎茶于大众生活中，后有小川可进（1786—1855），田中鹤翁（1782—1848）等文人将日本文化融入煎茶品饮之中，成为当今具有日本文化特质的“煎茶道”，分为着重礼法的“宗匠茶”及陶醉品茗风雅的“文人茶”。

江户时期，是日本茶道的辉煌时期，日本吸收、消化中国古代茶文化、融入本土文化后终于形成了具有民族特色的抹茶道、煎茶道。

第二节　宋代点茶与日本抹茶道

一、宋代点茶与日本抹茶道的关联

中国饮茶发展历程从唐代煎茶法、宋代的点茶法到明清泡茶法，各具特色又相因发展，至今，泡茶法已成为中国茶叶品饮的主导方式。但是宋代点茶法处于承上启下的重要位置，宋代政治经济的繁荣昌盛促使茶产业大放光彩。上自宋徽宗赵佶撰写茶书《大观茶论》，下至平民百姓民间斗茶，同时文人雅士也以茶为题材创作出大量的茶诗词、茶画。中国茶受到周边国家的青睐，入宋学习的日本僧人荣西禅师等从径山茶宴将宋代点茶技艺带回日本，为日本历代茶道界人士学习吸收，是现在日本抹茶道诸流派的源头。

点茶源于唐，盛于宋。宋代点茶融入了宋人深入细致、适情适意的特征，注重人感官感受的审美倾向。对于茶色，宋徽宗认为“以纯白为上真，青白为次，灰白次之，黄白又次之”，纯白为上品、青白次之。纯白茶是建安少数茶园中天然生成一两株的白茶树，作为贡茶物以稀为贵，因此成为上品茶。但是后来人们发现绿色的茶滋味更加醇厚，因此在制茶中不再拘泥于白色为上的观念，贡茶中有“正焙茶之真者已带微绿为佳”“上品者亦多碧色”的相关记载。荣西入宋后主要是在四明天台山万年寺和天童山景德寺度过，不大有机会接触到极为稀缺的白色贡茶，所以他所学的茶道所用的茶是数量较多的绿色末茶，至今日本末茶用的茶叶依然是蒸青绿茶制作成的茶粉。茶道传入日本后，与日本文化相互融合，形成独具特色的日本茶道，其中点茶环节是最精华的部分，点茶技法极其讲究。日本茶道的点茶技法是指点茶时要按照规定动作进行。

点茶技法还有五要素、三原则之说。五要素是指：位置、动作、顺序、姿势、移动路线。三原则是指：添炭技法、点浓茶、点薄茶。点茶技法有严格的要求，具体到茶碗放在哪个位置、离茶盒几厘米、茶刷拿起多高、茶分几口喝光等都必须一丝不苟地按规定做，正是这些繁琐且事无巨细的规则蕴藏着茶道的魅力，吸引着成千上万的人学习茶道。

（一）茶事七式

日本茶事随着季节变化举行，在茶事分类中，有一种“茶事七式”的说法：正午、夜咄、朝、晓、饭后、迹见、不时。正午是开始于中午十一二点的茶事，大约需要 4 小时，人数 5 人为上限，是最正式的茶事，全年均可举行。夜咄则在冬季的傍晚五六点开始举行，大约需 3 小时，主题是领略长夜严寒的情趣。而朝茶事在夏季的早晨六点左右开始，大约需 3 小时，主题是领略夏日早晨的清凉。晓茶事一般在二月的凌晨四点左右开始举行，大约需 3 小时，主题是领略拂晓时分黎明到来的情趣。总体大致过程如下：

1. 前礼、叙礼

在办茶事之前，主人会精心挑选客人，客人包括正客、次客、三客、四客等。正客代表全体客人前往主人家表示感谢，这个环节称之为“前礼”。茶事开始时，客人先来到室内等候室→喝一杯温开水→穿上草鞋到室外茶庭（也称露地）中的小茅棚等候→主人从茶室中走到内露地在“蹲距”的石盆中加入新水→主人到中门（内露地外露地由中门隔开）迎接客人→主客之间相互行默礼→客人用石盆中的水以清身心→客人从茶室小入口的门进入（一般高 66 cm，宽 63 cm）依次坐于入口处→拜看壁龛上的字画→末客将茶室入口门关上→主客从另一个茶室入口门进入（门较大，人可直接进出）→行礼，主人入座→正客询问茶室中器具相关信息，主人做出回答。

2. 添炭

主人退出再拿炭斗和灰器入室，开始表演添炭（初炭手前、后炭手前、客人临行前添炭压火也称立炭）→主人放香于地炉或风炉中→主人将茶道具拿回厨房→主人回座，客人欣赏香盒，正客向主人询问香盒和香的情况，主人做出回答→主人拿起香盒走出茶室，行礼，关上纸隔扇退出，添炭技法表演结束。

紧接着是品尝怀石料理（例如饭、酱汤、酒、炖菜等）→撤去料理食案，端上茶点心→客人到茶庭小草棚处休息。到这个环节茶事的前半部分“初座”结束。

3. 点浓茶

客人在小茅棚内休息约 15 分钟称为“中立”，这期间主人为茶事“后座”做准备。主人敲响铜锣，客人听到锣声平息→从正客开始依次到石水盆处，用水清身静心→主人打开茶室小入口，客人膝行入室→拜看壁龛上的花、花瓶和其他道具，入座，末客关门→主人整理茶庭，再将茶室拉窗及帘子揭开，使茶室明亮→主人开始点浓茶技法表演→浓茶装在一个碗中，依次轮流喝→客人依次拜看茶碗、茶罐、茶勺、浓茶罐等，正客向主人询问茶道具，主人作出回答。此时最重要的“点浓茶”结束。

4. 点薄茶

点完“浓茶”后，便准备点“薄茶”，此时炉中炭火已微弱需再次添炭，称为“后炭”。主人端出烟盒和点心盒→主人拿出茶碗和薄茶盒、污水罐开始薄茶表演→客人喝完薄茶拜看薄茶盒、茶勺等道具，正客询问道具相关情况，主人作出回答。茶室进行到此，薄茶礼便结束了。点浓茶时气氛比较严肃，点薄茶时则比较轻松，气氛较欢快，主客之间可以轻松自由地畅谈。

由于日本茶道程序多、对动作的要求极其严格，所以初学点茶技艺者一般从相对比较轻松的点薄茶开始学习。

（二）点薄茶技法“盆略点前”

日本点茶技法注重点茶时的一举一动，对位置、动作、顺序、姿势、移动路线都有严格的规定，规则也相当繁琐。因此，点茶技法的学习都有一个循序渐进的过程，需要常年地修行，反复地练习。初学点茶技法一般从点薄茶开始，下面据江静、吴玲《茶道》一书，介绍一种点薄茶技法“盆略点前”，以感受日本点茶的特点以及与宋代点茶的异同之处。

“盆略点前”所需的器具有：风炉托板、风炉、茶釜、托盆、污水罐、薄茶盒、茶勺、茶刷、茶碗、绢巾、茶巾。

主要步骤为：

（1）将放有薄茶盒、茶勺、茶刷、茶碗、绢巾、茶巾的托盆放在茶道口处，在门外跪坐下来，行一礼，说：“请允许我为您点薄茶。”

（2）用双手端起托盆，站起身来，右脚先迈过门槛走进茶室。在风炉前坐下，将托盆放在风炉正面。

（3）拿污水罐进入茶室，在风炉正前方坐下。将放于正面的托盆移到靠近客人的右边，污水罐移到左膝边上，端正坐姿。

（4）左手拿起绢巾开始折叠，速度要不快不慢。

（5）用左手拿起薄茶盒，用叠好的绢巾擦拭薄茶盒，然后将薄茶盒放回托盆。

（6）重叠绢巾，叠好后用右手拿起茶勺，用绢巾擦拭，然后将茶勺搁在托盆上。

（7）用右手拿起茶刷，放在薄茶盒的右侧。将茶巾放在托盆的右下方。

（8）用绢巾将茶釜的盖子盖上，用左手提起茶釜，在茶碗中倒入热水后放回风炉上，将绢巾搭在托盆的左侧边。

（9）用右手拿起茶刷，将茶刷放入茶碗内，以热水浸过，然后放回原处。

（10）用右手拿起茶碗，然后再用左手将茶碗中的水倒入污水罐。

（11）用右手拿起茶巾，擦拭茶碗。

（12）将放着茶巾的茶碗放回托盆原处，然后再将茶巾放回托盆原处。

（13）用右手拿起茶勺，对客人说：“请用点心。”

（14）用左手拿起薄茶盒，打开盖子，将盖子放在托盆的右下侧。

（15）用茶勺将薄茶盒中的茶粉舀入茶碗中。用茶勺在茶碗口上轻磕一下，把沾在茶勺上的茶粉磕掉。给薄茶盒盖上盖子，放回托盆，并将茶勺放回原处。

（16）用右手拿起绢巾，用左手提起茶釜，用绢巾盖住茶釜盖子，在茶碗中倒入热水。

（17）左手扶碗，右手用茶刷点茶，快速均匀地上下搅动，直到泛起一层细泡沫为止，泡沫越厚越细为好。点好后用茶刷在茶碗里划一圈，茶刷从茶碗的正中间离开茶面，茶面中间稍稍隆起。将茶刷放回原处。

（18）用右手拿起茶碗，放在左手，用右手向内转两圈，放在右侧相邻的榻榻米上，茶碗的正面朝向客人。

（19）客人自己来取茶，喝完茶之后将空碗送回。

（20）用右手将客人送回的空碗拿起，将正面转向自己，放回托盆的原处。

（21）在茶碗里倒入热水，用右手拿起，交给左手，将茶碗中的水倒入污水罐。

（22）客人说："请收起茶具吧。"这时主人行礼说："请让我收起茶具。"

（23）在茶碗里倒入热水，用右手拿起茶刷，用茶碗中的热水清洗。清洗完毕后将茶碗中的脏水倒入污水罐。

（24）将茶巾放入茶碗当中，放回托盆，再拿起茶刷放入茶碗。

（25）用右手拿起茶勺，用左手将污水罐往后挪。再用右手拿起绢巾，叠好后用绢巾擦拭茶勺。擦拭好的茶勺搁在茶碗上。

（26）将茶盒放回最初的地方。

（27）在污水罐上方抖掉绢巾上附着的脏东西，将茶釜的盖子打开一条缝。

（28）再次叠绢巾，叠好后别在腰间。

（29）端起托盆，放回正面。将污水罐端到茶道口处，再端起托盆，回到茶道口。

（30）在茶道口最后再行一礼，结束点茶技法的表演。

一般点一次薄茶大约需要 20 分钟，点薄茶的水温为 80℃左右，每一位客人所需的茶粉量为 1.75 克。点茶技法表演除了点薄茶外，还有点浓茶，一般点一次浓茶大约需 30 分钟，水温也需 80℃左右，每一位客人所需的茶粉量为 3.75 克。点浓茶技法与点薄茶技法在细节上虽有差异，但过程大致相同。

二、日本茶道特色

茶道专家久松真一先生给茶道下的定义为："茶道是一综合的文化体系。"这个定义得到了日本茶界的普遍赞同。茶的色、香、味，点法、饮法、茶宴的装饰、气氛、茶具的形态、质地等都受到人们密切的关注。日本茶道的文化领域已扩大到茶话的内容、茶人的服饰、饮茶前的饮食、饮茶后的道行、茶室建筑、庭院、工艺、美术以至哲学、宗教、文学等领域。因此，日本茶道是一种内容广泛、综合的文化体系。

（一）日本茶道精神

日本茶道定有"四规、七则"。四规就是"和、敬、清、寂"。"和"就是和睦，和平。表现为主客之间的和睦，倡导保持世界和平，避免战争，以和为贵；"敬"就是尊敬，相互尊敬，有礼仪；"清"就是纯洁、清静，表现在茶室茶具的清洁、人内心的清净和清心寡欲，通过一个茶碗也成为君子之交；"寂"就是凝神、摒弃欲望，表现为茶室中的气氛恬静、露地草庵、寂然静坐。日本茶道精神提倡在物欲横流的社会中，保持内心的清净、无须多求。

七则就是“茶要泡得好喝”“候汤要适当”“插花要自然像长在原野里”“夏天使凉，冬天使暖”“守时早到”“未雨绸缪”“为他人设想”。

人们在观看日本茶道表演时，会发现表演者心无旁骛地点茶，将所有的关注都放在茶和器具上。行真礼、折巾、点茶、归位等一系列动作如刻在骨子里般娴熟，所有动作行云流水、一气呵成。而观看表演者也被这专注力所折服，安静、认真、恭敬地观看茶道演示。这正是日本茶道“四规”的体现。

在日本茶道里，每一个器具都被赋予生命，都受到极大的尊重，每一个物件都有正面和背面之分，有产地和作者姓名等。给身边喜爱的器物取名的习惯来自古代中国。客人在欣赏它们的时候，要用双手恭敬谨慎地捧起，仔细观赏它们的形状、色泽，还要通过触摸来感知它们的质地，了解它们的前世今生来表达对器具内在的情感。

（二）日本茶室与茶庭

日本茶道建筑分为茶室和茶庭，茶室具有多样、精巧、谦和、淡雅的风格。它与西方的建筑不大相同，而且深受日本寺院建筑、神社建筑的影响，呈现出许多自有的特色。茶室的标准面积是四张半榻榻米，约 8.186 平方米。茶室虽然不大，但是都体现简素、寂静的风格。茶室的温度、湿度、插花、挂画也极为讲究。温湿度要求符合人体舒适度，做到冬暖夏凉；插花崇尚自然，像是生长在原野里般；挂画一般都是用高僧墨迹，挂轴不追求字体是否漂亮，但是重视挂轴人的人格是否高尚。日本茶室为客人精心布置，处处为茶客着想，给来宾一种亲切感、谦和感。

茶庭也称“露地”。茶道中的茶庭，不是供人欣赏的，而是修行的道场，人们进入茶庭后要忘却世俗中的烦恼、私欲，洗清心中的尘埃，露出自有的佛心。茶庭有以下特点：首先，因茶庭为修行道场，所以非举行茶事时不能使用，即不能成为休息、乘凉、赏景、游戏的场所；其次，茶庭中基本不留空地，常绿树木遮住它的大部，只现出一条条小路和一些必不可少的设施；最后，茶庭中的每一个景致都是与实用价值结合在一起的，没有专供欣赏而设立的景物。

茶庭的每一个景致都是有生命的，都在与客人们进行对话。在日本各地，茶室、茶庭已成为名胜景点，历史悠久的著名茶室、茶庭被列为国宝或国家重点文物。日本茶室、茶庭极为幽静，如隐居于城市中的山林，这与茶人潜心禅寂紧密相关。江户时代，朱舜水将中国江南园林的古典建筑风格带到日本，目前日本的一些建筑还保留中国园林的风格，深受中国造园艺术的影响。

（三）茶点心、茶食与插花

日本点茶除了点茶的技法之外，还包括茶室的布置，茶道具的选配，茶食、茶点心的端法，喝茶方法等茶道的实践内容。日本茶道中的点心、茶食、插花是茶人的日常课题，每一项都是茶道艺术中不可缺少的环节。茶人们往往根据季节的变化创作出与季节相呼应的作品，使日本茶道更具有时令感。其中茶点心要达到五种感官满足，分别是视觉、触觉、味觉、嗅觉、听觉。点心的外形、色泽以及容器的艺术风格需要别出心裁，使人能感受到季节的变替；人们手拿、口嚼时能感受到茶点心的柔软、易化；茶点心要求尊重材料本身的味道，不主张多加配料；嗅觉上让人感受到一种大自然的清新气息，例如樱花开放时，将樱树叶用于点心；听觉上每当客人吃完点心后要向主人提问："今日茶点名称？""初燕。"人们听了主人的介绍，对吃到的点心产生一种美妙的回味（图 6-3）。

图 6-3　日本茶菓

日本人把茶事中吃的饭叫"怀石"，也称"茶食"。"怀石"是说禅僧深夜坐禅腹中饥饿时，将小石子烧热，包上毛巾揣在怀里。茶道中的茶食是为了不使浓茶刺激客人的胃黏膜、在喝茶之前端出的少量食物。怀石料理主要有一汤三菜、小菜、米饭、酒类。不同的菜肴要选择与之相协调的器具来盛，一般怀石料理用黑色漆器盛放，要求风格文雅、手感柔软。

图 6-4　日本插花

日本茶道的插花（图 6-4）创作讲究"四清同"的原则，即截清竹、汲清水、秉清心、投清花。用纯净的心灵实现与花草树木的直接对话，此时人仿佛处于大自然中，与自然界对话。插花则根据四季更替，选用不同花材，凸显不同的节令气息。例如一月可采用山茶花，二月可采用菜花等。插花在茶会之前需要喷上一些水，使之形成带露珠的效果，且插花在茶事中秉承"一期一会"的原则，预示着主人和客人今生今世只有一次特殊相会，下一次相会将是不同的形式。因此，插花每用完一次就要收起来，不能一成不变地在第二次茶事中出现。

日本茶道常将日常的操作演成一场

庄严复杂的程式，每个时间段都有规定的程序，行茶者必须严格地按照规定进行。在这4小时里，茶道将山川风月、春夏秋冬、花草虫鸟、美术工艺、历史文学都包含在内，因此，正是这丰富的内容散发着独特的魅力吸引着习茶之人。

宋代是中国茶文化发展的兴盛时期，以点茶为主导的饮茶方式对周边国家有深远的影响，同时对世界茶文化的传播做出了巨大贡献。日本茶道、韩国茶礼、英式下午茶等都是中国茶文化的延伸与发展，而日本茶道与宋代茶文化有着更为深远的渊源关系。

思考题

1. 请谈谈日本抹茶道对宋代点茶的传承情况。
2. 日本茶道精神是什么？
3. 为什么说千利休是日本茶道的集大成者？

第七章　点茶的时代创新与价值

中华传统文化正面临着对内复兴、对外传播与交流的双重机遇和挑战。著名学者许嘉璐先生提出实现文化自信与中国文化走出去的“一体两翼”，其“一体”就是中国文化本身，中国文化的三大支柱是儒、释、道，而儒又是三足鼎立当中最重要的主干。而两翼则是中国文化走出去的形式与载体，他认为一翼是中国医学，一翼是中国茶文化，两者最为全面系统，也最能切身地反映百姓的日常生活。本章节重点讨论点茶的时代创新与价值，指出新时代背景下，点茶既需要保留历史文化感，又要有时代亲和性，同时呈现适合现代人的人文艺术感，为现代生活增加一分雅趣。

第一节　点茶的时代创新

中国是茶的故乡，更是茶文化的发祥地。中华民族五千年文明画卷，每一卷都飘着清幽茶香。茶文化不仅是人与自然、人与人、人与社会交流的载体，也是中国走向世界的一张文化名片，它可以很好地沟通国与国之间的情感。宋代是我国古代文化艺术的高峰，也是茶文化的兴盛期，点茶艺术风靡一时。日本冈仓天心把我国茶史分为三个时期，称唐代煎茶是古典主义，宋代点茶是浪漫主义，明代泡茶是自然主义，不同的泡茶方式，体现出不同的情感和时代精神。点茶经历了宋代的繁盛，明清的衰落，时至今日再次复苏，具有重要的历史意义与时代价值。

一、点茶与现代茶文化生活

随着我国社会的发展，人们对精神文明的需求日益提高，我国社会主要矛盾已从“人民日益增长的物质文化需要同落后的社会生产之间的矛盾”转变为“人民日益增长的美好生活需要和不平衡不充分的发展之间的矛盾”。茶文化可以丰富与提升百姓的精神生活，集物质享受与精神享受于一体，受到社会人士的广泛喜爱。而茶艺是茶文化的直观呈现，近年来茶艺之花开遍全国。随着物质生活的丰腴及精神文明的提升，浪漫人文主义再次流行，人们不再固囿于单一的泡茶法，而尝试探索更多元的饮茶方式。而传统的煮茶法、点茶法、毛饮法等饮茶方式再度成为饮茶生活的时尚选择。随着现代人对宋代审美的重新审视，以及近年来的宋剧热播，诗情画意的宋代点茶艺术吸引了世人的目光，掀起宋风潮流。

福建、浙江、江苏、陕西、四川等地先后将宋代点茶、分茶、茶百戏等列为非物质文化遗产，并作为地方特色文化进行宣传与推广。2009 年，福建省武夷山市的章志峰率先宣布恢复宋代茶百戏，并申请专利和出版图书《茶百戏：复活的千年技艺》；2010 年，中国茶叶博物馆“宋代点茶”亮相中日韩茶文化交流会；2011 年，具有浓郁宋代点茶特征的“径山茶宴”被列入国家级非物质文化遗产项目名录；2013 年，杭州市上城区举办首届“南宋斗茶会”，吸引了大量茶文化爱好者参与；2016 年，在杭州举办的茶奥会将仿宋点茶列入技艺比赛项目，向大众推广；2019 年，江苏省镇江市市场监督管理局发布《非物质文化遗产：点茶操作规范》(DB 3211/T 1011—2019)，并举办首届地方宋茶文化节；2020 年，福建省茶艺师协会发布《仿宋点茶技术规程》(T/MCYX 001—2021)；2020 年，福建省南平市建阳区人社局将仿宋点茶列为专项职业能力进行培训考核；2021 年，中国茶叶学会举办首届点茶技艺研修班；2021 年，第五届全国茶艺职业技能竞赛全国总决赛首次将点茶列为国家茶艺赛事项目。宋代点茶培训在全国开展得如火如荼，并且走进课堂与社区，让百姓的文化生活更加丰富多彩。

宋代点茶因具有艺术性、趣味性，而受到大众的喜爱。时代在变迁，制茶技术和饮茶方式也都在不断发展变化。从蒸青团茶到六大茶类，从烹煮茶、点茶到泡茶，这些改变也给点茶技艺在现代社会中的传承提出挑战。作为一种观赏性和体验性并重的品饮方式，完全根据历史文献复原宋代点茶，存在用于点茶的蒸青团茶制作工艺复杂，点茶的程序繁琐、技术难度大等突出问题，在当今快节奏的社会生活中是否仍具有生命力，值得思考。因此，基于文化传承视野下的宋代点茶恢复，抑或吸收其要领与精髓以进行一定的变革，是传承与创新的有效途径。

二、点茶要素的革新

（一）茶品的革新

宋代点茶所用茶品为蒸青团茶，属于紧压绿茶。蒸青茶茶汤中水浸出物丰富，茶汤浓度高，经击打起泡，茶汤细腻，苦涩感弱，然而制作工序复杂（包括采摘—蒸汽杀青—研膏—压模—干燥），茶品原料的取得具有一定的困难。因此，探索使用现有茶品替代蒸青团茶对点茶文化的推广至关重要。

我国茶区广袤，茶品丰富。笔者团队经过反复试验，结果显示六大茶类皆可点茶，但用白茶、红茶和黑茶点茶，汤花丰富。白茶中白毫银针、高级白牡丹点茶效果极佳，起泡快，汤花丰富细腻，持续时间长，汤花色泽接近雪白；红茶的汤花细腻持久，但色泽黄褐带红，表现上不及白茶；黑茶的汤花也非常丰富，但是泡沫粗大，色泽红褐，消退较快，整体不及红茶和白茶；乌龙茶的汤花较薄少，呈褐色，不持久，泡沫不细腻，易出现水痕（图 7-1、图 7-2）；黄茶的汤花薄少，色泽黄褐，泡沫持久性差；绿茶除仿宋蒸青团茶外，龙井茶和黄山毛峰、恩施玉露、抹茶粉整体点茶效果不佳，汤花薄而少，泡沫泛绿，易出现水痕。在点茶试验中发现，同类茶叶，等级越高品质越好，则更有利于点茶汤花的形成，所成汤花也更加细腻持久。

图 7-1　肉桂茶粉点试的茶汤

图 7-2　大红袍茶粉点试的茶汤

另外，调饮茶的方式丰富多样，点茶过程可以加入牛奶、酸奶等易起泡的材料，也可以将茶叶与菊花、荷叶、玫瑰等花草共同碾成末后击打起泡，还可以将冲泡的茶汤与点茶茶汤共同混饮，呈现上沫下汤的效果，深受年轻群体的青睐。

浙江大学童启庆教授团队研发了“原叶茶水丹青”茶艺，直接在闷泡的萃取茶汤上进行点茶，且证明六大茶类的茶汤皆可在适当的条件下击拂起泡，并作水墨丹青。这对于点茶的现代创新与推广具有重要意义。

（二）茶具的选择

为较为方便地开展点茶活动，可对宋代点茶使用的典型茶具作“减法”或以其他茶具替代，现代点茶可仅保留汤瓶、茶盏、茶筅。就汤瓶而言，宋时宫廷以金银为上，民间多瓷石，尤其是青瓷最为常见。现代人的日常生活中，陶瓷、玻璃最为常用，玻璃又因其晶莹剔透且可观察水沸之鱼目、蟹眼而略胜一筹（图 7–3）。点茶所用茶盏除传统的黑瓷、青瓷盏外，新型的玻璃盏也使用甚广。茶盏的体积因人数而异，宋代茶盏较大，常为一人点一盏，而现代人偏爱小杯饮茶，故而人们常用大盏或大号公道杯点茶后，分至小杯饮汤。

图 7–3　不同材质的汤瓶

（三）击拂方式的创新

宋代点茶中的“点”是其茶艺的核心工序，而“点”的重要呈现就是使用器具搅拌和击打茶汤。其器具的选择是否得当，将对点茶汤花与茶汤品质的呈现起到重要作用。历史上，点茶的击拂工具经历从普通茶匙到茶筅，茶筅则又经历了扁平形到圆柱形的转变发展，使得筅与茶汤的接触面积不断扩大，从而提升点茶效率，呈现出更好的汤花效果（图 7–4）。

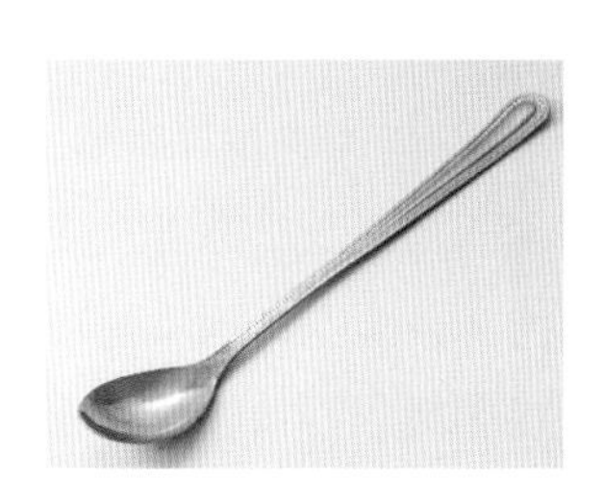

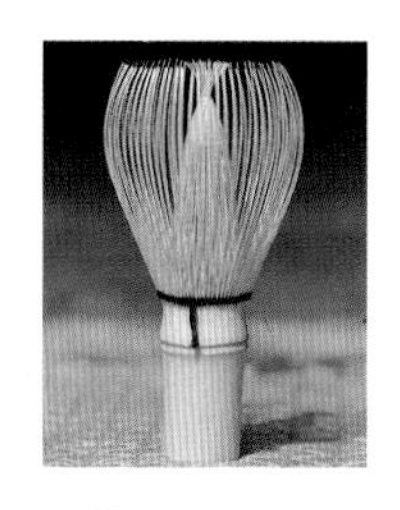

图 7–4　各式的击拂工具

咖啡的拉花图案常给品饮者带来惊喜，是西式的美，而有“宋人咖啡”之美誉的点茶无疑更具东方韵味，令人神往。然而，从目前复原的宋代点茶来看，程序较为繁琐，耗时费力。笔者团队曾使用小型打蛋器、电动搅拌器以及奶茶摇晃杯等工具击打茶汤，对比茶筅手动击拂，发现运用电动搅拌器、奶茶摇晃杯击打茶汤，能明显增快点茶的起泡速度，茶沫的质量亦佳，并且通过后期茶筅的帮助，并不影响在茶汤表面进行分茶游戏。

第二节　点茶的现代价值

宋代点茶虽然湮没在历史长河之中，没能持续传承下来，但在中华茶文化发展史上留下了浓墨重彩的一笔。全面研究和展现宋代点茶文化特色，不断传承和创新宋代茶文化，对提升人民群众文化素养、增强国家文化自信、提升国家文化软实力都具有重要意义。

一、文化价值

宋代点茶作为中华民族珍贵的非物质文化遗产，历史价值与文化内涵是其核心价值。点茶是古人在长期的生产劳动、生活实践中积淀而成的思想精髓，也是古代文人雅士的一种高雅娱乐。宋代文人墨客将品茶文化演变成了风流、雅致的艺术，点茶文化与文学作品融合起来，留下了脍炙人口的绘画与诗词作品，是我国古代文明的重要组成，亦给后世以精致的文化和艺术享受，同时启迪着今人的生活与创作。

焚香、点茶、挂画、插花被称为宋人四雅。宋人尚雅，将文人称为雅士，将高尚的情意称为雅意，将高雅的兴趣称为雅兴，将点茶艺术称为雅尚。以茶雅志趣，高尚而不庸俗，美好而不粗鄙，其本意包括文明、规范、美好等内容，而雅文化是中国优秀文化的重要组成。在新时代下，通过发展以点茶为代表的传统雅文化，对于净化当代社会风气、提升民众审美与精神生活，提升国民文化自信具有重要意义。

二、美学价值

日本美学大师冈仓天心曾将宋代点茶评价为中国茶艺的浪漫主义。“雪沫乳花浮午盏，人间有味是清欢”，点茶是身体与心灵的多重享受，有触摸茶盏时厚重温暖的触觉享受，煮水时“砌虫万蝉、千车捆载、松风涧水”的听觉享受，观看汤花“白云满碗花徘徊”的视觉享受，品饮茶汤“甘滑重厚”的味觉享受，以及由此带给人的平淡闲适、心情愉悦。点茶是国人对美好生活的诗意探索。点茶茶汤丰富的纹理变化与质感，极似中国画，讲究气韵生动、以形写神，追求一种“妙在似与不似之间”的感觉，追求意境，展示了中华艺术的意境美、线条美和朦胧美。由点茶发展起来的分茶游戏，于茶盏中惊现花鸟鱼虫、疾风劲草、雨雾云山，一幅幅宛若水墨，但须臾散灭，它将中国画的俊逸灵动、茶的清香淡雅巧妙融合在一起。人们在饮茶的同时也将诗情画意一同饮下，这是何等的浪漫美好。“疏星皎月，灿然而生”的点茶作品不仅带给人一种不可名状的精神享受，而且饱含了审美情趣，这样的饮茶体验可以丰富现代人的审美感受，提升茶饮兴趣，同时也让诗意生活不再遥远。学习点茶，有助于现代人在繁忙的生活中暂时放下压力，于一杯茶汤中体会当下的诗意与浪漫。

三、经济价值

茶产业的发展与茶文化的发展有着密切的联系。茶文化的兴盛，不断刺激茶叶的消费，从而推动茶产业的快速发展；茶产业的发展，影响茶文化的形成，对于茶文化的发展方向和强度产生直接影响。

宋代点茶是我国茶文化中的瑰宝，文化内涵深厚，其表现过程茶汤有“浮云鳞然”之美，还有注汤幻变之视觉冲击力，适合观赏、品饮与体验（图 7-5）。宋代点茶与现代茶饮相结合，使得历史饮品与时尚饮品相碰撞。古老与时尚，经典与流行，古今对话中将历史活态传承，打造出一款类似卡布奇诺、珍珠奶茶的经典产品，不仅可以带来经济效益，也将使点茶更加流行且深入人心。另外，宋代点茶、分茶技艺与现代旅游的结合，不仅可以丰富旅游内容，提升旅游的文化层次，还可以提高茶文化的经济附加值，同时也借旅游这一维度更进一步扩大宋代点茶的影响力与传播力。

图 7-5　茶百戏（章志峰　供图）

四、社会价值

当今时代快速发展，社会物质生活水平不断提高，人们在享受饮茶品茗乐趣的同时，更加注重精神文化的追求。而点茶过程中衍生的文学艺术、文化情思，以及淡泊素雅的美学风尚也在无形中影响今人，这对于提升现代人的精神文化内质和生活质量、树立良好的社会风尚有着积极的作用和意义。在点茶基础上发展起来的斗茶是一项具有竞技性的娱乐活动，其活动不受年龄、地点和人数的限制，其学习交流体验活动可以有效促进人际关系交往、友谊的传递，亦能促进社会和谐发展。在稍显浮华喧嚣的现代社会，点茶活动所传达的淡泊、平和、宁静、内敛的茶人精神，也与社会和谐的价值理论相契合。在点茶技艺展示与传播的过程中，每一个肢体动作、神情都在向人们传递着团结友善、互帮互爱的道德品质与精神思想，更是倡导中华传统美德、正确价值取向的有利方式，对促进和谐社会建设具有积极的作用。

如今，茶的健康价值、文化价值被重新予以界定与重视，给中国茶叶带来了全新的机遇。2019 年 11 月 27 日，第 74 届联合国大会宣布设立每年 5 月 21 日为“国际茶日”，以肯定茶叶对经济、社会和文化的价值。“国际茶日”是以中国为主的产茶国家首次成功推动设立的农业领域国际性节日，彰显了世界各国对中国茶文化的认可，这将有利于中国同各国茶文化的交流互鉴，推动茶产业的协同发展。宋代点茶作为我国茶文化中的一颗明珠，不仅记录了我国宋人的饮茶生活，也丰富了今人时下的饮茶方式，同时它还风靡日本，是我国唐宋与日本进行文化交流互鉴的成果。中国茶文化经历千载沧桑，历久弥新。随着全世界饮茶之风的盛行，宋代点茶也将与中国茶、中国文化一起重新走向世界。

思考题

1. 宋代点茶在现代社会有哪些发展与创新？
2. 宋代点茶在现代生活的价值体现有哪些？
3. 请就如何让点茶更美更时尚进行创新实践，并分享你的实践成果。

第八章　宋代茶书选读

据统计，现存有近百种茶书，是了解中国茶史与茶文化的重要资料。本章节选择《茶录》《大观茶论》《宣和北苑贡茶录》等三种与宋代点茶密切相关的茶书，介绍其基本内容，录其原文，简要注释，以供选读。

第一节　蔡襄《茶录》

蔡襄（1012—1067），兴化仙游（今福建仙游）人，字君谟。宋天圣八年（1030）进士。庆历三年（1043）知谏院，直言疏论时事。后出知福州，改福建路转运使。皇祐四年（1052）进知制诰，每除授非当旨，必封还之。至和、嘉祐间，历知开封府、福州、泉州，建万安桥。入为翰林学士、三司使。英宗朝以母老求知杭州。卒谥忠惠。工书法，诗文清妙。有《茶录》《荔枝谱》《蔡忠惠集》。《茶录》成书于宋皇祐年间（1049—1054），宋治平元年（1064）刻石，是继陆羽《茶经》之后又一部重要的茶书。共两卷，附前后自序。因"陆羽《茶经》不第建安之品，丁谓《茶图》独论采造之本，至于烹试，曾未有闻"，故该书专论点饮之法。《茶录》，上篇论茶，分色、香、味、藏茶、炙茶、碾茶、罗茶、候汤、熁盏、点茶十目，主要论述茶汤质量与点饮方法；下篇论茶器，分茶焙、茶笼、砧椎、茶钤、茶碾、茶罗、茶盏、茶匙、汤瓶九目，介绍点茶所用器具。据此，可见宋时团茶饮用状况和习俗。此次整理以古香斋宝藏蔡帖绢本为底本，自书拓本、《百川学海》陶氏景刊咸淳本、喻政《茶书》明万历四十一年（1613）刻本、文渊阁四库全书本为参校本，相关讹、衍、脱文者统一改订，异体字统一为规范字，不另出校勘记。

序

朝奉郎、右正言、同修起居注臣蔡襄上进：臣前因奏事，伏蒙陛下谕，臣先任福建转运使日所进上品龙茶，最为精好。臣退念草木之微，首辱陛下知鉴，若处之得地，则能尽其材。昔陆羽《茶经》不第建安之品，丁谓《茶图》独论采造之本，至于烹试，曾未有闻。臣辄条数事，简而易明，勒成二篇，名曰《茶录》。伏惟清闲之宴，或赐观采，臣不胜惶惧荣幸之至。谨序。

上篇　论茶

色

茶色贵白[①]，而饼茶多以珍膏油去声其面[②]，故有青黄紫黑之异。善别茶者，正如相工之视人气色也，隐然察之于内，以肉理实润者为上。既已末之，黄白者受水昏重，青白者受水鲜明，故建安人斗试，以青白胜黄白。

香

茶有真香，而入贡者微以龙脑和膏[③]，欲助其香。建安民间试茶皆不入香，恐夺其真。若烹点之际，又杂珍果香草[④]，其夺益甚，正当不用。

味

茶味主于甘滑[⑤]，惟北苑凤凰山连属诸焙所产者味佳。隔溪诸山，虽及时加意制作，色味皆重，莫能及也[⑥]。又有水泉不甘，能损茶味。前世之论水品者以此。

藏茶

茶宜箬叶而畏香药[⑦]，喜温燥而忌湿冷，故收藏之家，以箬叶封裹入焙中，两三日一次，用火常如人体温温，则御湿润。若火多，则茶焦不可食。

炙茶

茶或经年，则香、色、味皆陈。于净器中以沸汤渍之，刮去膏油，一两重乃止，以钤箝之，微火炙干，然后碎碾。若当年新茶，则不用此说。

碾茶

碾茶先以净纸密裹捶碎，然后熟碾。其大要，旋碾则色白，或经宿则色已昏矣。

罗茶

罗细则茶浮，粗则水浮。

候汤[8]

候汤最难，未熟则沫浮，过熟则茶沉，前世谓之蟹眼者[9]，过熟汤也。沉瓶中煮之不可辨，故曰候汤最难。

熁盏[10]

凡欲点茶，先须熁盏令热，冷则茶不浮。

点茶

茶少汤多，则云脚散[11]；汤少茶多，则粥面聚。建人谓之云脚、粥面。钞茶一钱匕[12]，先注汤调令极匀，又添注入，环回击拂，汤上盏可四分则止。视其面色鲜白，著盏无水痕为绝佳。建安斗试，以水痕先者为负，耐久者为胜，故较胜负之说，曰相去一水[13]、两水。

下篇　论茶器

茶焙[14]

茶焙，编竹为之，裹以箬叶，盖其上，以收火也，隔其中，以有容也。纳火其下，去茶尺许，常温温然[15]，所以养茶色、香、味也[16]。

茶笼

茶不入焙者，宜密封裹，以箬笼盛之，置高处，不近湿气。

砧椎[17]

砧椎，盖以砧茶。砧以木为之，椎或金或铁，取于便用[18]。

茶钤[19]

茶钤，屈金铁为之，用以炙茶。

茶碾

茶碾，以银或铁为之，黄金性柔，铜及鍮石皆能生鉎[20]音星，不入用。

茶罗

茶罗，以绝细为佳。罗底用蜀东川鹅溪画绢之密者[21]，投汤中揉洗以幂之[22]。

茶盏

茶色白，宜黑盏，建安所造者绀黑[23]，纹如兔毫[24]，其坯微厚，熁之久热难冷[25]，最为要用。出他处者，或薄或色紫，皆不及也。其青白盏，斗试家自不用。

茶匙[26]

茶匙要重，击拂有力。黄金为上，人间以银、铁为之。竹者轻，建茶不取。

汤瓶[27]

瓶要小者易候汤[28]，又点茶注汤有准。黄金为上，人间以银、铁或瓷、石为之[29]。

后序

臣皇祐中修起居注，奏事仁宗皇帝，屡承天问以建安贡茶并所以试茶之状。臣谓论茶虽禁中语[30]，无事于密，造《茶录》二篇上进。后知福州，为掌书记窃去藏稿[31]，不复能记。知怀安县樊纪购得之，遂以刊勒行于好事者，然多舛谬[32]。臣追念先帝顾遇之恩，揽本流涕，辄加正定，书之于石，以永其传。

治平元年五月二十六日，三司使给事中臣蔡襄谨记[33]。

注释

①茶色贵白：赵佶《大观茶论》："点茶之色，以纯白为上真，青白为次，灰白次之，黄白又次之。天时得于上，人力尽于下，茶必纯白。"②珍膏：古代制茶辅料。宋朝制作团饼茶时在茶体外涂抹膏液，以增进美观和延缓陈化。张扩《清香》："北苑珍膏玉不如，清香入体世间无。若将龙麝污天质，终恐薰莸臭味殊。"③龙脑：龙脑树树脂的白色结晶体，是一种名贵的中药材。④珍果香草：钱椿年《茶谱》："茶有真香，有佳味，有正色。烹点之际不宜以珍果香草杂之。夺其香者，松子、柑橙、杏仁、莲心、木香、梅花、茉莉、蔷薇、木樨之类是也。夺其味者，牛乳、番桃、荔枝、圆眼、水梨、枇杷之类是也。凡饮佳茶，去果方觉清绝，杂之则无辨矣。"⑤甘滑：甘甜润滑。赵佶《大观茶论》："夫茶以味为上，甘香重滑，为味之全，惟北苑、壑源之品兼之。"⑥莫能及也：赵佶《大观茶论》："盖浅焙之茶，去壑源为未远，制之能工，则色亦莹白，击拂有度，则体亦立汤，惟甘重香滑之味，稍远于正焙耳。"⑦蒻叶：箬竹的叶子。古人以箬叶藏茶，冯可宾《岕茶笺》："新净磁坛周回用干箬叶密砌，将茶渐渐装进摇实，不可用手掯。上覆干箬数层，又以火炙干炭铺坛口扎固。又以火炼候冷新方砖压坛口上。"⑧候汤：陆羽《茶经》："其沸，如鱼目，微有声，为一沸。缘边如涌泉连珠，为二沸。腾波鼓浪，为三沸。已上，水老，不可食也。"

苏辙《和子瞻煎茶》："相传煎茶只煎水。"张源《茶录》："如虾眼、蟹眼、鱼眼、连珠，皆为萌汤，直至涌沸如腾波鼓浪，水气全消，方是纯熟。"无论煎茶或是点茶，煮水火候掌握要得当。汤嫩或过老，皆影响茶汤。煮水时随时观察，这个过程即是候汤。⑨ 蟹眼：螃蟹的眼睛。比喻水初沸时泛起的小气泡。苏轼《试院煎茶》："蟹眼已过鱼眼生，飕飕欲作松风鸣。"庞元英《谈薮》："俗以汤之未滚者为盲汤，初滚者曰蟹眼，渐大者曰鱼眼，其未滚者无眼，所语盲也。"⑩ 熁（xié）盏：熁，烤。为保持茶汤的温度而事先将茶碗预热。赵佶《大观茶论》："盏惟热则茶发立耐久。"⑪ 云脚：点茶后在盏壁处出现的浮沫。梅尧臣《李仲求寄建溪洪井茶七品云愈少愈佳未知尝何如耳因条而答之》："五品散云脚，四品浮粟花。三品若琼乳，二品罕所加。绝品不可议，甘香焉等差。"⑫ 一钱匕：约合今 2 克多。⑬ 一水：苏轼《行香子・茶词》"斗赢一水。功敌千钟。觉凉生、两腋清风。"⑭ 茶焙：犹陆羽《茶经》中的育，"育，以木制之，以竹编之，以纸糊之。中有隔，上有覆，下有床，旁有门，掩一扇，中置一器，贮煻煨火，令煴煴然。江南梅雨时，焚之以火"⑮ 温温然：犹煴煴然，火势微弱的样子。⑯ 养：陆羽《茶经》："育者，以其藏养为名。"⑰ 砧椎（zhēn chuí）：砧，捣碎饼茶时垫在底下的木板。椎，捶打饼茶时用的棍棒。⑱ 便用：用以金银，虽云美丽，然贫贱之士，未必能具也。⑲ 茶钤（qián）：烤茶时用以夹茶的钳子。陆羽《茶经》为"夹"，"以小青竹为之，长一尺二寸。令一寸有节，节以上剖之，以炙茶也。彼竹之筱，津润于火，假其香洁以益茶味。恐非林谷间莫之致。或用精铁、熟铜之类，取其久也。"⑳ 硎（yú）石：一种类似玉的石头。生鉎（shēng）：生锈。㉑ 蜀东川鹅溪画绢：《嘉庆一统志》："鹅溪，在盐亭县西北八十里。《明统志》：'其地产绢。'宋文同诗：'待将一匹鹅溪绢，写取寒梢万丈长。'"黄庭坚《奉谢刘景文送团茶》："鹅溪水练落春雪，粟面一杯增目力。"㉒ 幂：覆盖。㉓ 绀（gàn）：天青色，深青透红。赵佶《大观茶论》："盏色贵青黑，玉毫条达者为上，取其焕发茶采色也。"㉔ 兔毫：盏上纹路如兔毫。㉕ 熁之久热难冷，最为要用：赵佶《大观茶论》："盏惟热，则茶发立耐久。"㉖ 茶匙：击拂茶汤之用。㉗ 汤瓶：注汤之瓶，苏轼《试院煎茶》："银瓶泻汤夸第二。"依靠汤瓶大小节制点茶水流。至赵佶《大观茶论》，利用嘴口节制水流："瓶宜金银，大小之制，惟所裁给。注汤害利，独瓶之口嘴而已。嘴之口差大而宛直，则注汤力紧则发速有节，不滴沥则茶面不破。"㉘ 要：古同"腰"。㉙ 人间以银、铁或瓷石为之：苏廙《汤品》："贵欠金银，贱恶铜铁，则瓷瓶有足取焉。幽士逸夫，品色尤宜，岂不为瓶中之压一乎？然勿与夸珍炫豪臭公子道。"以蔡襄为视角，固然金银显示权贵身份，与陆羽、苏廙选择相远。㉚ 禁中：秦汉时皇帝宫中为禁中，后代沿袭之。㉛ 掌书记：宋代州府军监下属的幕职官。㉜ 舛谬：错误。㉝ 三司使给事中：宋朝将五代时盐钱使、度支使、户部使合并为一，称三司。给事中：属门下省，《宋史・职官志》："掌读中外出纳，及判后省之事。若政令有失当，除授非其人，则论奏而驳正之。凡奏章，日录目以进，考其稽违而纠治之。"

第二节　赵佶《大观茶论》

赵佶（1082—1135），宋神宗子，哲宗弟。绍圣三年（1096）封端王。元符三年（1100）即位。在位二十六年。工书，称“瘦金体”，有《千字文卷》传世。擅画，有《芙蓉锦鸡》等存世。又能诗词，有《宣和宫词》等。《茶论》约成书于宋大观元年（1107），《郡斋读书志》著录：“圣宋茶论一卷，右徽宗御制。”自收录于明初陶宗仪《说郛》始改今名。另有清《古今图书集成》刊本。首为序，次分地产、天时、采择、蒸压、制造、鉴辨、白茶、罗碾、盏、筅、瓶、杓、水、点、味、香、色、藏焙、品名、外焙二十目。对于当时蒸青饼茶的产地、采制、烹试、质量等均有详细论述。其中论及采摘之精、制作之工、品第之胜、烹点之妙颇为精辟。此次整理，以《说郛》明弘治十三年（1500）钞本为底本，《说郛》明代钮氏世学楼钞本、《说郛》民国十六年（1927）上海商务印书馆涵芬楼重校铅印本、《古今图书集成》本为参校本，相关讹、衍、脱文者统一改订，异体字统一为规范字，不另出校勘记。

序

尝谓，首地而倒生，所以供人之求者，其类不一。谷粟之于饥，丝枲之于寒[①]，虽庸人孺子皆知，常须而日用，不以岁时之舒迫而可以兴废也。至若茶之为物，擅瓯闽之秀气[②]，钟山川之灵禀，祛襟涤滞，致清道和，则非庸人孺子可得而知矣；冲淡简洁，韵高致静，则非遑遽之时而好尚矣[③]。本朝之兴，岁修建溪之贡，龙团、凤饼，名冠天下，壑源之品，亦自此而盛[④]。延及于今，百废俱举，海内晏然，垂拱密勿，俱致无为。荐绅之士[⑤]，韦布之流[⑥]，沐浴膏泽，熏托德化，咸以雅尚相推从事茗饮。故近岁以来，采择之精，制作之工，品第之胜，烹点之妙，莫不咸造其极。且物之兴废，固自有然，亦系乎时之污隆。时或遑遽，人怀劳悴，则向所谓常须而日用，犹且汲汲营求[⑦]，惟恐不获，饮茶何暇议哉？世既累洽[⑧]，人恬物熙[⑨]，则常须而日用者，固而厌饫狼藉[⑩]。而天下之士，厉志清白，竞为闲暇修索之玩，莫不碎玉锵金，啜英咀华。较箧笥之精[⑪]，争鉴裁之妙[⑫]，虽否士于此时[⑬]，不以蓄茶为羞，可谓盛世之清尚也。呜呼！至治之世，岂惟人得以尽其材，而草木之灵者，亦得以尽其用矣。偶因暇日，研究精微，所得之妙，焙人有不自知为利害者[⑭]，叙本末列于二十篇，号曰《茶论》。

地产

植产之地，崖必阳，圃必阴。盖石之性寒，其叶抑以瘠[⑮]，其味疏以薄，必资阳和以发之；土之性敷[⑯]，其叶疏以暴，其味强以肆，其则资阴以节之。今圃家皆植木以资茶之阴。

阴阳相济，则茶之滋长得其宜。

天时

茶工作于惊蛰，尤以得天时为急。轻寒，英华渐长，条达而不迫，茶工从容致力，故其色味两全。若或时旸郁燠[17]，芽甲奋暴，促工暴力，随槁[18]晷刻所迫[19]，有蒸而未及压，压而未及研，研而未及制，茶黄留渍，其色味所失已半，故焙人得茶天为庆。

采择

撷茶以黎明，见日则止。用爪断芽，不以指揉，虑气汗熏渍，茶不鲜洁，故茶工多以新汲水自随，得芽则投诸水。凡芽如雀舌、谷粒者为斗品，一枪一旗为拣芽，一枪二旗为次之，余斯为下茶。茶始芽萌，则有白合[20]，既撷则有乌蒂[21]。白合不去，害茶味，乌蒂不去，害茶色。

蒸压

茶之美恶，尤系于蒸芽、压黄之得失[22]。蒸太生则芽滑，故色清而味烈。过熟则芽烂，故茶色赤而不胶。压久则气竭味漓[23]，不及则色暗味涩。蒸芽欲及熟而香，压黄欲膏尽亟止。如此，则制造之功十已得七八矣。

制造

涤芽惟洁，濯器惟净，蒸压惟其宜，研膏惟熟[24]，焙火惟良。饮而有少砂者，涤濯之不精也；文理燥赤者，焙火之过熟也。夫造茶，先度日晷之短长，均工力之众寡，会采择之多少，使一日造成，恐茶过宿，则害色、味。

鉴辨

茶之范度不同，如人之有面首也。膏稀者，其肤蹙以文[25]；膏稠者，其理敛以实；即日成者，其色则青紫；越宿制造者，其色则惨黑。有肥凝如赤腊者，末虽白，受汤则黄；有缜密如苍玉者，末虽灰，受汤愈白。有光华外暴而中暗者，有明白内备而表质者，其首面之异同[26]，难以概论。要之，色莹彻而不驳，质缜绎而不浮，举之则凝然，碾之则铿然，可验其为精品也。有得于言意之表者，可以心解。比又有贪利之民，购求外焙已采之芽，假以制造，研碎已成之饼，易以范模[27]。虽名氏、采制似之，其肤理色泽，何所逃于伪哉！

白茶

白茶自为一种[28]，与常茶不同，其条敷阐[29]，其叶莹薄[30]。崖林之间，偶然生出，盖非人力所可致。正焙之有者不过四五家，生者不过一二株，所造止于二三胯而已。芽英不多，尤难蒸焙，汤火一失，则已变而为常品。须制造精微，运度得宜，则已表里昭彻，如玉之在璞，他无为伦也。浅焙亦有之，但品格不及。

罗碾

碾以银为上，熟铁次之。生铁者非淘拣槌磨所成，间有黑屑藏于隙穴，害茶之色尤甚。凡碾为制，槽欲深而峻，轮欲锐而薄。槽深而峻，则底有准而茶常聚；轮锐而薄，则运边中而槽不戛[31]。罗欲细而面紧，则绢不泥而常透。碾必力而速，不欲久，恐铁之害色；罗必轻而平，不厌数[32]，庶已细者不耗。惟再罗，则入汤轻泛，粥面光凝，尽茶之色。

盏

盏色贵青黑，玉毫条达者为上[33]，取其焕发茶采色也。底必差深而微宽，底深则茶直立，易于取乳；宽则运筅旋彻，不碍击拂。然须度茶之多少，用盏之小大，盏高茶少，则掩蔽茶色；茶多盏小，则受汤不尽。盏惟热，则茶发立耐久。

筅

茶筅以箸竹老者为之。身欲厚重，筅欲疏劲，本欲壮而末必眇[34]，当如剑脊之状。盖身厚重，则操之有力而易于运用。筅疏劲如剑脊，则击拂虽过而浮沫不生。

瓶

瓶宜金银，大小之制，惟所裁给。注汤利害[35]，独瓶之口嘴而已。嘴之口欲大而宛直，则注汤力紧而不散；嘴之末欲圆小而峻削，则用汤有节而不滴沥。盖汤力紧则发速有节，不滴沥，则茶面不破。

杓

杓之大小，当以可受一盏茶为量。过一盏则必归其余，不及则必取其不足。倾杓烦数[36]，茶必冰矣。

水

水以轻清甘洁为美。轻甘乃水之自然，独为难得。古人第水[37]，虽曰中泠、惠山为上[38]，然人相去之远近，似不常得。但当取山泉之清洁者。其次，则井水之常汲者为可用。若江河之水，则鱼鳖之腥，泥泞之污，虽轻甘无取。凡用汤以鱼目、蟹眼连绎并跃为度，过老则以少新水投之，就火顷刻而后用。

点

点茶不一，而调膏继刻，以汤注之，手重筅轻，无粟文蟹眼者[39]，谓之静面点。盖击拂无力，茶不发立，水乳未浃，又复增汤，色泽不尽，英华沦散，茶无立作矣。有随汤击拂，手筅俱重，立文泛泛，谓之一发点。盖用汤已过，指腕不圆，粥面未凝，茶力已尽，雾云虽泛，水脚易生[40]。妙于此者，量茶受汤，调如融胶。环注盏畔，勿使侵茶。势不欲猛，先须搅动茶膏，渐加击拂，手轻筅重，指绕腕旋，上下透彻，如酵蘖之起面[41]，疏星皎月，灿然而生，则茶面根本立矣。第二汤自茶面注之，周回一线，急注急止，茶面不动，击拂既力，色泽渐开，珠玑磊落[42]。三汤多寡如前，击拂渐贵轻匀，周环旋复，表里洞彻，粟文蟹眼，泛结杂起，茶之色十已得其六七。四汤尚啬[43]，筅欲转稍宽而勿速，其真精华彩，既已焕然，轻云渐生。五汤乃可稍纵，筅欲轻盈而透达。如发立未尽，则击以作之。发立已过，则拂以敛之，结浚霭，结凝雪，茶色尽矣。六汤以观立作，乳点勃然，则以筅著居，缓绕拂动而已。七汤以分轻清浊重，相稀稠得中，可欲则止。乳雾汹涌，溢盏而起，周回凝而不动，谓之咬盏。宜匀其轻清浮合者饮之。《桐君录》曰："茗有饽，饮之宜人。"虽多不为过也。

味

夫茶以味为上，甘香重滑，为味之全，惟北苑、壑源之品兼之。其味醇而乏风骨者[44]，蒸压太过也。茶枪乃条之始萌者，木性酸，枪过长，则初甘重而终微涩。茶旗乃叶之方敷者，叶味苦，旗过老，则初虽留舌而饮彻及甘矣。此则芽胯有之，若夫卓绝之品，真香灵味，自然不同。

香

茶有真香，非龙麝可拟[45]。要须蒸及熟而压之，及干而研，研细而造，则和美具足。入盏则馨香四达，秋爽洒然。或蒸气如桃仁夹杂，则其气酸烈而恶。

色

点茶之色，以纯白为上真，青白为次，灰白次之，黄白又次之。天时得于上，人力尽于下，茶必纯白。天时暴暄[46]，芽萌狂长，采造留积，虽白而黄矣。青白者，蒸压微生，灰白者，蒸压过熟。压膏不尽，则色青暗。焙火太烈，则色昏赤。

藏焙

焙数则首面干而香减，失焙则杂色剥而味散。要当新芽初生即焙，以去水陆风湿之气。焙用熟火置炉中，以静灰拥合七分，露火三分，亦以轻灰糁覆[47]，良久即置焙篓上，以逼散焙中润气。然后列茶于其中，尽展角焙之，未可蒙蔽，候火通彻覆之。火之多少，以焙之大小增减。探手炉中，火气虽热而不至逼人手者为良。时以手挼茶体[48]，虽甚热而无害，欲其火力通彻茶体耳。或曰，焙火如人体温，但能燥茶皮肤而已，内之余润未尽，则复蒸暍矣[49]。焙毕，即以用久漆竹器中缄藏之，阴润勿开，如此终年，再焙，色常如新。

品名

名茶各以所产之地。如叶耕之平园、台星岩，叶刚之高峰青凤髓，叶思纯之大岚，叶屿之屑山，叶五崇林之罗汉山水，叶芽、叶坚之碎石窠、石臼窠一作突窠，叶琼、叶辉之秀皮林，叶师复、师贶之虎岩，叶椿之无双岩芽，叶懋之老窠园。名擅其门，未尝混淆，不可概举。前后争鬻[50]，互为剥窃[51]，参错无据，曾不思茶之美恶，在于制造之工拙而已，岂冈地之虚名所能增减哉？焙人之茶，固有前优而后劣者，昔负而今胜者，是亦园地之不常也。

外焙

世称外焙之茶，脔小而色驳，体好而味澹。方之正焙，昭然可别。近之好事者，箧笥之中，往往半蓄外焙之品。盖外焙之家，久而益工，制造之妙，咸取则于壑源，效像规模，摹外为正。殊不知，其脔虽等而蔑风骨[52]，色泽虽润而无藏畜，体虽实而膏理乏缜密之文，味虽重而涩滞乏馨香之美，何所逃乎外焙哉？虽然，有外焙者，有浅焙者。盖浅焙之茶，去壑源为未远，制之能工，则色亦莹白，击拂有度，则体亦立汤，虽甘重香滑之味稍远于正焙耳。至于外焙，则迥然可辨。其有甚者，又至于采柿叶桴榄之萌，相杂而造，味虽与茶相类，点时隐隐如轻絮泛然[53]，茶面粟文不生，乃其验也。桑苎翁曰[54]："杂以卉莽，饮之成病。"可不细鉴而熟辨之？

注释

① 丝枲（xǐ）：生丝和麻。② 瓯闽：浙江东南地区与福建地区。③ 遑遽：惊惧不安。④ 壑源：壑源岭，著名官焙。苏轼有《次韵曹辅寄壑源试焙新芽》诗。⑤ 荐绅之士：指有官位的人、高贵的人。⑥ 韦布之流：指寒素之士，平民。⑦ 汲汲：形容努力求取、不休息的样子。⑧ 累洽：太平相承。⑨ 人恬物熙：恬熙，安乐之意。⑩ 厌饫（yù）：饱食。狼藉：放纵。⑪ 箧笥（qiè sì）：指藏茶的竹器。⑫ 鉴裁：评鉴优劣。⑬ 否士：否，通"鄙"。谦称。质朴之人。⑭ 焙人：焙茶的工人。⑮ 以：连词。和，而。⑯ 敷：富足。⑰ 郁燠（yù）：炎热。⑱ 槁：枯干。⑲ 晷（guǐ）刻：本指日晷与刻漏，这里指时间。⑳ 白合：茶芽中两片合抱而生的小叶。今称之鱼叶与鳞片。㉑ 乌蒂：黑色的蒂头。茶叶采摘后折断处会变黑。㉒ 压黄：压榨茶叶。㉓ 漓（lí）：浅薄。㉔ 熟：赵汝砺《北苑别录》："每水研之，必至于水干茶熟而后已。水不干则茶不熟，茶不熟则首面不匀，煎试易沉，故研夫犹贵于强而有力者也。"㉕ 蹙：皱缩。㉖ 首面：外表。㉗ 范模：制作茶饼的模具。㉘ 白茶：茶树品种，芽叶如纸。㉙ 敷阐：舒展显明。㉚ 莹薄：指茶叶薄而光洁透明。㉛ 戛：象声词，形容金属间摩擦的声音。㉜ 不厌数：不怕多罗筛几次。㉝ 玉毫：盏之釉色有兔毫、鹧鸪斑等，此即兔毫之美称。㉞ 眇：细小。㉟ 利害：关键。㊱ 烦：繁多，繁杂。数（shuò）：屡次。㊲ 第：品第，评定。㊳ 中泠：泉名。有天下第一泉之誉。惠山：泉名。蔡襄《即惠山泉煮茶》："此泉何以珍，适与真茶遇。在物两称绝，于予独得趣。"㊴ 粟文：粟粒状纹理，形容茶汤。

㊵ 水脚：水痕。苏轼《和蒋夔寄茶》："沙溪北苑强分别，水脚一线争谁先。" ㊶ 酵蘖：发酵的酒曲。㊷ 磊落：众多的样子。㊸ 啬：少。㊹ 风骨：刚健有力。㊺ 龙麝：龙涎香与麝香的并称。泛指香料。㊻ 暴：急剧。暄：炎热。㊼ 糁（sǎn）：洒，散落。㊽ 挼（ruó）：揉。㊾ 暍（yē）：热。㊿ 衒鬻（xuàn yù）：夸耀。51 剥割：盘剥、搜刮。52 蔑：无，没有。53 轻絮：形容茶汤如絮一般轻柔、洁白。54 桑苎翁：陆羽的号。

第三节 熊蕃、熊克《宣和北苑贡茶录》

熊蕃，生卒年不详，建宁建阳（今福建省南平市建阳区）人，字叔茂，号独善。学宗王安石，善诗文。曾奉遣去建安（今福建省建瓯市）凤凰山麓的北苑造团茶。熊蕃据亲所闻见，于宋宣和三年至七年（1121—1125）撰成《宣和北苑贡茶录》。其子熊克于宋高宗绍兴二十八年（1158）摄事北苑，遂加注并补入贡茶图制三十八幅，附以蕃撰《御苑采茶歌》十首。全书初刊于宋孝宗淳熙九年（1182）。后清人汪继壕为此书所作按语附入其中，收录于清代顾修的《读画斋丛书》。此书详述建茶沿革和贡茶种类，并附图说明大小分寸，可见当时贡茶品类与形制。本次整理以《读画斋丛书》本为底本，喻政《茶书》明万历四十一年（1613）刻本、文渊阁四库全书本、《说郛》民国十六年（1927）上海商务印书馆涵芬楼重校铅印本为参校本，相关讹、衍、脱文者统一改订，异体字统一为规范字，不另出校勘记。

陆羽《茶经》①、裴汶《茶述》②皆不第建品，说者但谓二子未尝至闽，〔继壕按〕《说郛》"闽"作"建"。曹学佺《舆地名胜志》："瓯宁县云际山在铁狮山左，上有永庆寺，后有陆羽泉，相传唐陆羽所凿。宋杨亿诗云'陆羽不到此，标名慕昔贤'是也。"而不知物之发也固自有时。盖昔者山川尚閟③，灵芽未露，至于唐末，然后北苑出为之最。〔继壕按〕张舜民《画墁录》云："有唐茶品，以阳羡为上供，建溪北苑未著也。贞元中，常衮为建州刺史，始蒸焙而研之，谓研膏茶。"顾祖禹《方舆纪要》云："凤凰山之麓名北苑，广二十里。旧经云：'伪闽龙启中，里人张廷晖以所居北苑地宜茶，献之官，其地始著。'"沈括《梦溪笔谈》云："建溪胜处曰郝源、曾坑，其间又岔根、山顶二品尤胜。李氏时号为北苑，置使领之。"姚宽《西溪丛语》云："建州龙焙面北，谓之北苑。"《宋史·地理志》："建安有北苑茶焙、龙焙。"宋子安《试茶录》云："北苑西距建安之洄溪二十里，东至东宫百里。过洄溪，逾东宫，则仅能成饼耳。独北苑连属诸山者最胜。"蔡绦《铁围山丛谈》云："北苑龙焙者，在一山之中间，其周遭则诸叶地也。居是山，号正焙。一出是山之外，则曰外焙。正焙、外焙，色香迥殊，此亦山秀地灵所钟之有异色已。龙焙又号官焙。"是时，伪蜀词臣毛文锡作《茶谱》④，〔继壕按〕吴任臣《十国春秋》："毛文锡，字平珪，高阳人，唐进士。从蜀高祖，官文思殿大学士，拜司徒，贬茂州司马。有《茶谱》一卷。"

《说郛》作“王文锡”,《文献通考》作“燕文锡”,《合璧事类》《山堂肆考》作“毛文胜”,《天中记》“茶谱”作“茶品”，并误。亦第言建有紫笋[5]，〔继壕按〕乐史《太平寰宇记》云：“建州土贡茶。”引《茶经》云：“建州方山之芽及紫笋，片大极硬，须汤浸之，方可碾，极治头痛，江东老人多味之。”而腊面乃产于福。五代之季，建属南唐。南唐保大三年，俘王延政而得其地。岁率诸县民，采茶北苑，初造研膏，继造腊面。丁晋公《茶录》载：泉南老僧清锡，年八十四，尝视以所得李国主书寄研膏茶，隔两岁，方得腊面，此其实也。至景祐中，监察御史丘荷撰《御泉亭记》，乃云：“唐季敕福建罢贡橄榄，但贽腊面茶。”即腊面产于建安，明矣。荷不知腊面之号始于福，其后建安始为之。〔按〕唐《地理志》：福州贡茶及橄榄，建州惟贡綀练，未尝贡茶。前所谓“罢供橄榄，惟贽腊面茶”，皆为福也。庆历初，林世程作《闽中记》，言福茶所产在闽县十里，且言往时建茶未盛，本土有之，今则土人皆食建茶。世程之说，盖得其实。而晋公所记腊面起于南唐，乃建茶也。既又〔继壕按〕原本“又”作“有”，据《说郛》《天中记》《广群芳谱》改。制其佳者，号曰“京铤”，其状如贡神金、白金之铤。圣朝开宝末，下南唐。太平兴国初，特置龙凤模，遣使即北苑造团茶，以别庶饮[6]，龙凤茶盖始于此。〔按〕《宋史·食货志》载：“建宁腊茶，北苑为第一，其最佳者曰社前，次曰火前，又曰雨前，所以供玉食，备赐予。太平兴国始置。大观以后，制愈精，数愈多，胯式屡变，而品不一。岁贡片茶二十一万六千斤。”又《建安志》：“太平兴国二年，始置龙焙，造龙凤茶，漕臣柯适为之记云。”〔继壕按〕祝穆《事文类聚续集》云：“建安北苑始于太宗太平兴国三年。”又一种茶，丛生石崖，枝叶尤茂。至道初，有诏造之，别号“石乳”，〔继壕按〕彭乘《墨客挥犀》云：“建安能仁院有茶生石缝间，寺僧采造，得茶八饼，号石岩白，当即此品。”《事文类聚续集》云：“至道间，仍添造石乳、腊面。”而此无腊面，稍异。又一种号“的乳”，〔按〕马令《南唐书》：嗣主李璟命建州茶制的乳茶，号曰“京铤”。腊茶之贡自此始，罢贡阳羡茶。〔继壕按〕《南唐书》事在保大四年。又一种号“白乳”。盖自龙、凤与京、〔继壕按〕原本脱“京”字，据《说郛》补。石、的、白四种继出，而腊面降为下矣。杨文公亿《谈苑》所记，龙茶以供乘舆及赐执政、亲王、长主，其余皇族、学士、将帅皆得凤茶，舍人、近臣赐金铤、的乳，而白乳赐馆阁，惟腊面不在赐品。〔按〕《建安志》载《谈苑》云：京铤、的乳赐舍人、近臣，白乳、的乳赐馆阁。疑“京铤”误“金铤”，“白乳”下遗“的乳”。〔继壕按〕《广群芳谱》引《谈苑》与原注同。惟原注内“白茶赐馆阁，惟腊面不在赐品”二句，作“馆阁白乳”。龙凤、石乳茶，皆太宗令罢。“金铤”正作“京铤”。王巩《甲申杂记》云：“初贡团茶及白羊酒，惟见任两府方赐之。仁宗朝及前宰臣，岁赐茶一斤、酒二壶，后以为例。”《文献通考》“榷茶”条云：“凡茶有二类，曰片曰散，其名有龙、凤、石乳、的乳、白乳、头金、腊面、头骨、次骨、末骨、粗骨、山挺十二等，以充岁贡及邦国之用。”注云：“龙、凤皆团片，石乳、头乳皆狭片，名曰京。的乳亦有阔片者，乳以下皆阔片。”

盖龙凤等茶，皆太宗朝所制。至咸平初，丁晋公漕闽[7]，始载之于《茶录》。人多言龙凤团起于晋公，故张氏《画墁录》云，晋公漕闽，始创为龙凤团。此说得于传闻，非其实也。庆历中，蔡君谟将漕[8]，创造小龙团以进，被旨仍岁贡之。君谟《北苑·造茶》诗自序云：“其年改造上品龙茶，二十八片才一斤，尤极精妙，被旨仍岁贡之。”欧阳文忠公《归田录》云：“茶之品莫贵于龙凤，谓之小团，凡二十八片，重一斤，其价直金二两。然金可有，而茶不可得。尝南郊致斋，两府共赐一饼，四人分之，宫人往往缕金花其上，盖贵重如此。”〔继壕按〕石刻蔡君谟《北苑十咏·采茶》诗自序云：“其年改作新茶十斤，尤甚精好，被旨号为上品龙茶，仍岁贡之。”又诗句注云：“龙凤茶八片为一斤，上品龙茶每斤二十八片。”《渑水燕谈》作“上品龙茶一斤二十饼。”叶梦得《石林燕语》云：“故事：建州岁贡大龙凤团茶各二斤，以八饼为斤。仁宗时，蔡君谟知建州，始别择茶之精者为小龙团十斤以献，斤为十饼。仁宗以非故事，命劾之。大臣为请，因留免劾，然自是遂为岁额。”王从谨《清虚杂著补阙》云：“蔡君谟始作小团茶入贡，意以仁宗嗣未立，而悦上心也。又作曾坑小团，岁贡一斤，欧文忠所谓两府共赐一饼者，是也。”吴曾《能改斋漫录》云：“小龙、小凤，初因君谟为建漕，造十斤献之，朝廷以其额外免勘。明年，诏第一纲尽为之。”自小团出，而龙凤遂为次矣。元丰间，有旨造密云龙，其品又加于小团之上。昔人诗云：“小璧云龙不入香，元丰龙焙乘诏作。”盖谓此也。〔按〕此乃山谷《和杨王休点云龙诗》。〔继壕按〕《山谷集·博士王扬休碾密云龙同十三人饮之戏作》云：“矞云苍璧小盘龙，贡包新样出元丰。王郎坦腹饭床东，太官分赐来妇翁。”又山谷《谢送碾赐壑源拣芽诗》云：“矞云从龙小苍璧，元丰至今人未识。”俱与本注异。《石林燕语》云：“熙宁中，贾青为转运使，又取小团之精者为密云龙，以二十饼为斤而双袋，谓之双角团茶。大小团袋皆用绯，通以为赐也。密云独用黄，盖专以奉玉食。其后，又有为瑞云翔龙者。”周煇《清波杂志》云：“自熙宁后，始贵密云龙，每岁头纲修贡，奉宗庙及供玉食外，赉及臣下无几，戚里贵近丐赐尤繁。宣仁一日慨叹曰：‘令建州今后不得造密云龙，受他人煎炒不得也，出来道：我要密云龙，不要团茶，拣好茶吃了，生得甚意智？’此语既传播于缙绅间，由是密云龙之名益著。”是密云龙实始于熙宁也。《画墁录》亦云：“熙宁末，神宗有旨，建州制密云龙，其品又加于小团矣。然密云龙之出，则二团少粗，以不能两好也。”惟《清虚杂著补阙》云：“元丰中，取拣芽不入香，作密云龙茶，小于小团，而厚实过之。终元丰时，外臣未始识之。宣仁垂帘，始赐二府两指许一小黄袋，其白如玉，上题曰拣芽，亦神宗所藏。”《铁围山丛谈》云：“神祖时，即龙焙又进密云龙。密云龙者，其云纹细密，更精绝于小龙团也。”绍圣间，改为瑞云翔龙。〔继壕按〕《清虚杂著补阙》：“元祐末，福建转运司又取北苑枪旗，建人所作斗茶者也，以为瑞云龙。请进，不纳。绍圣初，方入贡，岁不过八团。其制与密云龙等而差小也。”《铁围山丛谈》云：“哲宗朝，益复进瑞云翔龙者，御府岁止得十二饼焉。”至大观初，今上亲制《茶论》二十篇⑨，以白茶与常茶不同，偶然生出，非人力可致，于是白茶遂为第一。庆历初，吴兴刘异为《北苑拾遗》云：“官园中有白茶五六株，而壅培不甚至。茶户唯有王免者家一巨株，向春常造浮屋以障风日。”其后有宋子安者，作《东溪试茶录》，亦言：“白茶，民间大重，出于近岁。芽叶如纸，建人以为茶瑞。”则知白茶可贵，自庆历始，至大观而盛也。〔继壕按〕《蔡忠惠文集·茶记》云：“王家白茶闻于天下。其人名大诏。白茶惟一株，岁可作五七饼，如五铢钱大。方其盛时，高视茶山，莫敢与之角。一饼直钱一千，非其亲故不可得也，终为园家以计枯其株。予过建安，大诏垂涕为予言其事。今年枯枿辄生一枝，造成一饼，小于五铢。大诏越四千里，特携以来京师见予，喜发颜面。予之好茶固深矣，而大诏不远数千里之役，其勤如此，意谓非予莫之省也。可怜哉！己巳初月朔日书。”本注作“王免”，与此异。宋子安《试茶录》，晁公武《郡斋读书志》作“朱子安”。既又制三色细芽，〔继壕按〕《说郛》《广羣芳谱》俱作“细茶”。及试新銙、大观二年，造御苑玉芽、万寿龙芽。四年，又造无比寿芽及试新銙。〔按〕《宋史·食货志》“銙”作“胯”。〔继壕按〕《石林燕语》作“䡖”，《清波杂志》作“夸”。贡新銙。政和三年，造贡新銙式，新贡皆创为此，献在岁额之外。自三色细芽出，而瑞云翔龙顾居下矣。〔继壕按〕《石林燕语》：“宣和后，团茶不复贵，皆以为赐，亦不复如向日之精。后取其精者为䡖茶，岁赐者不同，不可胜纪矣。”《铁围山丛谈》云：

"祐陵雅好尚，故大观初，龙焙于岁贡色目外，乃进御苑玉芽、万寿龙芽。政和间，且增以长寿玉圭。玉圭凡仅盈寸，大抵北苑绝品曾不过是，岁但可十百饼。然名益新，品益出，而旧格递降于凡劣尔。"

凡茶芽数品，最上曰小芽，如雀舌、鹰爪，以其劲直纤锐，故号芽茶。次曰中芽，〔继壕按〕《说郛》《广群芳谱》俱作"拣芽"。乃一芽带一叶者，号一枪一旗[10]。次曰紫芽，〔继壕按〕《说郛》《广群芳谱》俱作"中芽"。乃一芽带两叶者，号一枪两旗。其带三叶、四叶，皆渐老矣。芽茶，早春极少。景德中，建守周绛[11]〔继壕按〕《文献通考》云："绛，祥符初知建州。"《福建通志》作"天圣间任"。为《补茶经》，言"芽茶只作早茶，驰奉万乘尝之可矣。如一枪一旗，可谓奇茶也"，故一枪一旗，号"拣芽"，最为挺特光正。舒王《送人官闽中》诗云[12]："新茗斋中试一旗"，谓拣芽也。或者乃谓茶芽未展为枪，已展为旗，指舒王此诗为误，盖不知有所为拣芽也。今上圣制《茶论》曰："一旗一枪为拣芽。"又见王岐公珪诗云："北苑和香品最精，绿芽未雨带旗新。"故相韩康公绛诗云："一枪已笑将成叶，百草皆羞未敢花。"此皆咏拣芽，与舒王之意同。〔继壕按〕王荆公追封舒王，此乃荆公送福建张比部诗中句也。《事文类聚续集》作"送元厚之诗"，误。夫拣芽犹贵重如此，而况芽茶以供天子之新尝者乎？

芽茶绝矣，至于水芽，则旷古未之闻也。宣和庚子岁，漕臣郑公可简[13]〔按〕《潜确类书》作"郑可闻"。〔继壕按〕《福建通志》作"郑可简"。宣和间，任福建路转运司。《说郛》作"郑可问"。始创为银线水芽。盖将已拣熟芽再剔去，祇取其心一缕，用珍器贮清泉渍之，光明莹洁，若银线然，其制方寸新銙，有小龙蜿蜒其上，号"龙园胜雪"。〔按〕《建安志》云："此茶盖于白合中，取一嫩条如丝发大者，用御泉水研造成。分试，其色如乳，其味腴而美。"又"园"字，《潜确类书》作"团"。今仍从原本，而附识于此。〔继壕按〕《说郛》《广群芳谱》"园"俱作"团"，下同。唯姚宽《西溪丛语》作"园"。又废白、的、石三乳，鼎造花銙二十余色。初，贡茶皆入龙脑，蔡君谟《茶录》云："茶有真香，而入贡者微以龙脑和膏，欲助其香。"至是虑夺真味，始不用焉。

盖茶之妙，至胜雪极矣，故合为首冠。然犹在白茶之次者，以白茶上之所好也。异时，郡人黄儒撰《品茶要录》，极称当时灵芽之富，谓使陆羽数子见之，必爽然自失。蕃亦谓使黄君而阅今日，则前乎此者，未足诧焉。

然龙焙初兴，贡数殊少，太平兴国初，才贡五十片。〔继壕按〕《能改斋漫录》云："建茶务，仁宗初，岁造小龙、小凤各三十斤，大龙、大凤各三百斤，不入香京铤共二百斤，蜡茶一万五千斤。"王存《元丰九域志》云："建州土贡龙凤茶八百二十斤。"累增至于元符，以片〔继壕按〕《说郛》作"斤"。计者一万八千，视初已加数倍，而犹未盛。今则为四万七千一百片〔继壕按〕《说郛》作"斤"。有奇矣。此数皆见范逵所著《龙焙美成茶录》。逵，茶官也。〔继壕按〕《说郛》作"范达"。

自白茶、胜雪以次，厥名实繁，今列于左，使好事者得以观焉。

贡新銙大观二年造。

试新銙政和二年造。

白茶政和三年造。〔继壕按〕《说郛》作“二年”。

龙园胜雪宣和二年造。

御苑玉芽大观二年造。

万寿龙芽大观二年造。

上林第一宣和二年造。

乙夜清供宣和二年造。

承平雅玩宣和二年造。

龙凤英华宣和二年造。

玉除清赏宣和二年造。

启沃承恩宣和二年造。

雪英宣和三年造。〔继壕按〕《说郛》作“二年”，《天中记》“雪”作“云”。

云叶宣和三年造。〔继壕按〕《说郛》作“二年”。

蜀葵宣和三年造。〔继壕按〕《说郛》作“二年”。

金钱宣和三年造。

玉华宣和三年造。〔继壕按〕《说郛》作“二年”。

寸金宣和三年造。〔继壕按〕《西溪丛语》作“千金”，误。

无比寿芽大观四年造。

万春银叶宣和二年造。

玉叶长春宣和四年造。〔继壕按〕《说郛》《广群芳谱》此条俱在“无疆寿龙”下。

宜年宝玉宣和二年造。〔继壕按〕《说郛》作“三年”。

玉清庆云宣和二年造。

无疆寿龙宣和二年造。

瑞云翔龙绍圣二年造。〔继壕按〕《西溪丛语》及下图目并作“瑞雪祥龙”，当误。

长寿玉圭政和二年造。

兴国岩銙

香口焙銙

上品拣芽绍圣二年造。〔继壕按〕《说郛》“绍圣”误“绍兴”。

新收拣芽

太平嘉瑞政和二年造。

龙苑报春宣和四年造。

南山应瑞宣和四年造。〔继壕按〕《天中记》“宣和”作“绍圣”。

兴国岩拣芽

兴国岩小龙

兴国岩小凤已上号细色。

拣芽

小龙

小凤

大龙

大凤已上号粗色。

又有琼林毓粹、浴雪呈祥、壑源拱秀、贡篚推先、价倍南金、旸谷先春、寿岩都〔继壕按〕《说郛》《广群芳谱》作“却”。胜、延平石乳、清白可鉴、风韵甚高，凡十色，皆宣和二年所制，越五岁省去。

右岁分十余纲[14]，惟白茶与胜雪自惊蛰前兴役，浃日乃成[15]，飞骑疾驰，不出中春，已至京师，号为头纲。玉芽以下，即先后以次发。逮贡足时，夏过半矣。欧阳文忠公诗曰：“建安三千五百里，京师三月尝新茶。”盖异时如此。〔继壕按〕《铁围山丛谈》云：“茶茁其芽，贵在社前，则已进御，自是迤逦。宣和间，皆占冬至而尝新茗，是率人力为之，反不近自然矣。”以今较昔，又为最早。

念草木之微，有瑰奇卓异，亦必逢时而后出，而况为士者哉？昔昌黎先生感二鸟之蒙采擢，而自悼其不如。今蕃于是茶也，焉敢效昌黎之感赋[16]？姑务自警而坚其守，以待时而已。

贡新銙
竹圈　银模
方一寸二分

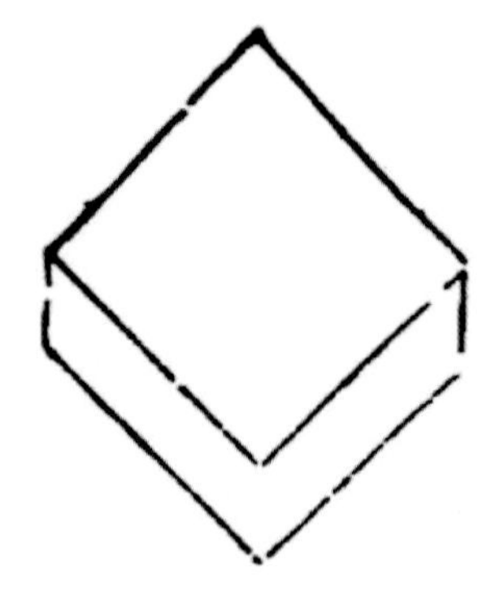

试新銙
竹圈　银模
方一寸二分

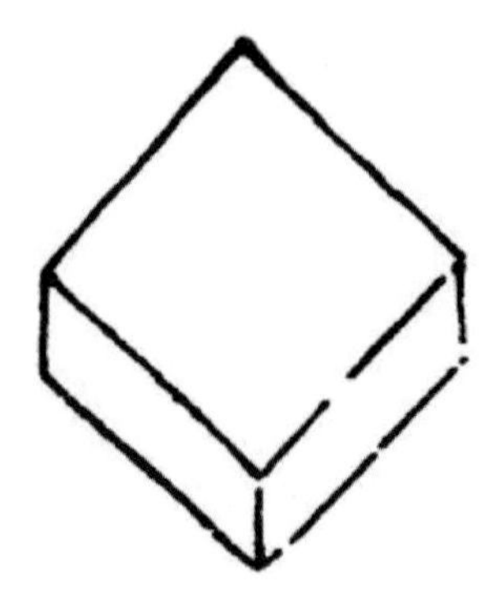

龙园胜雪
竹圈　银模
方一寸二分

白茶
银圈　银模
径一寸五分

御苑玉芽
银圈　银模
径一寸五分

万寿龙芽
银圈　银模
径一寸五分

上林第一
竹圈　模
方一寸二分

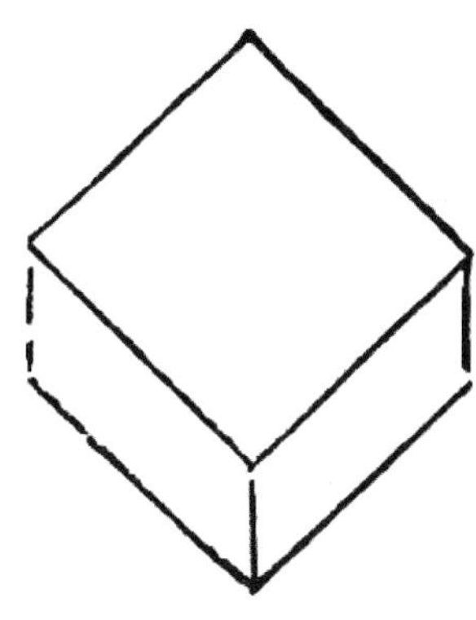

乙夜清供
竹圈　模
方一寸二分

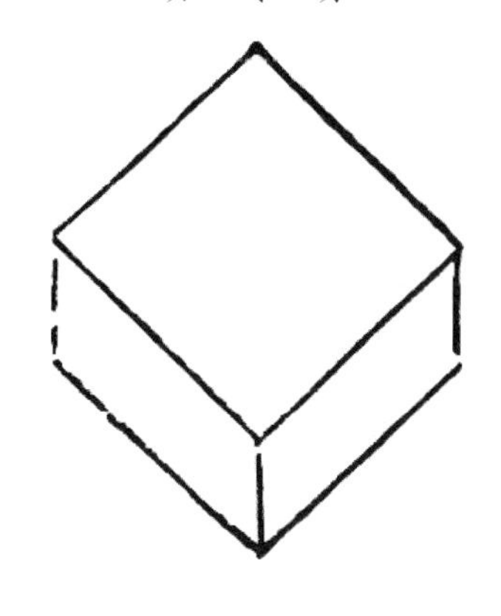

承平雅玩
竹圈　模
方一寸二分

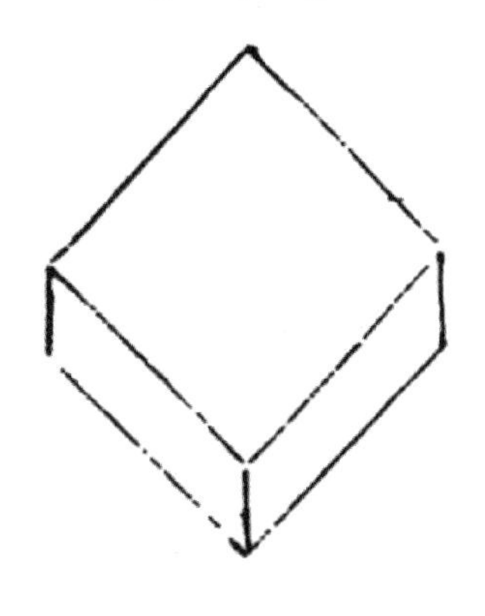

龙凤英华
竹圈　模
方一寸二分

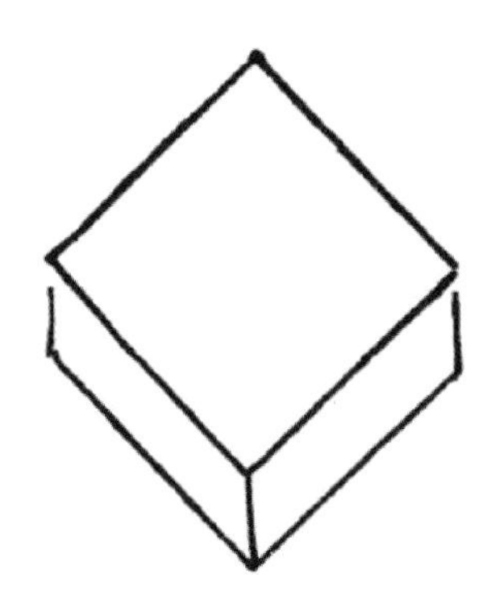

玉除清赏
竹圈　模
方一寸二分

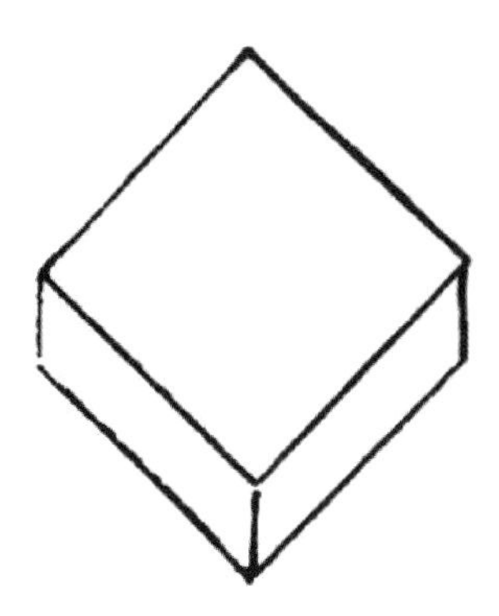

启沃承恩
竹圈　模
方一寸二分

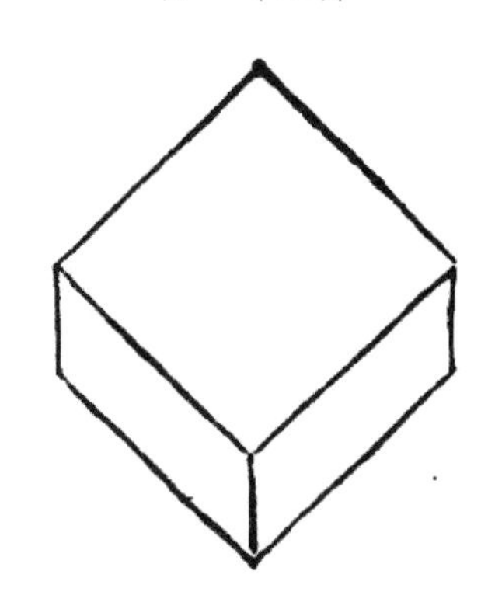

雪英
银圈　银模
横长一寸五分

云叶
银模　银圈
横长一寸五分

蜀葵
银模　银圈
径一寸五分

金钱
银模　银圈
径一寸五分

玉华
银模　银圈
横长一寸五分

寸金
银模　竹圈
方一寸二分

无比寿芽
银模　竹圈
方一寸二分

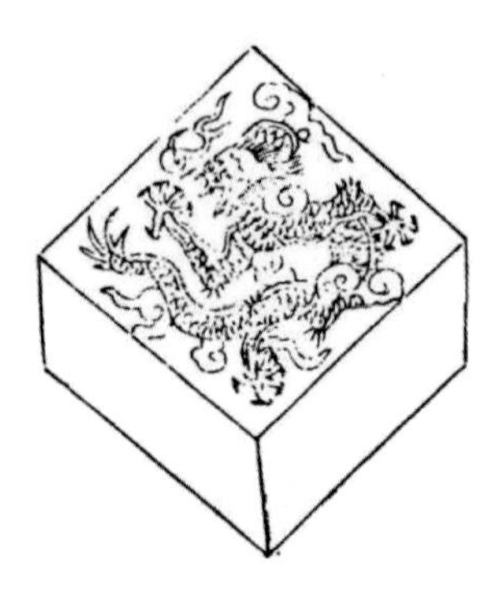

万春银叶
银模　银圈
两尖径二寸二分

宜年宝玉
银模　银圈
直长三寸

玉庆清云
银模　银圈
方一寸八分

无疆寿龙
竹圈　银模
直长三寸六分

玉叶长春
银模　竹圈
直长一寸

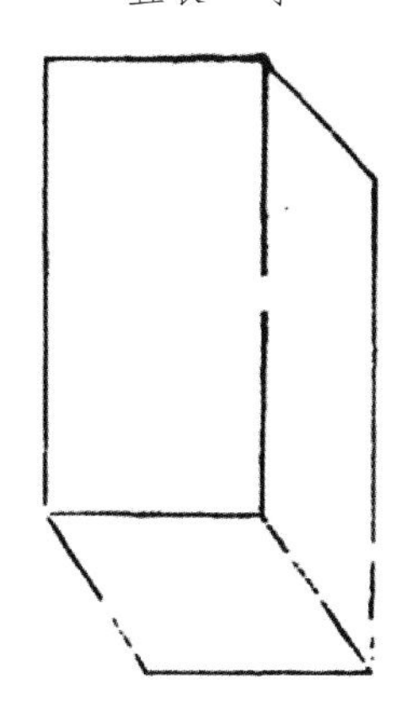

瑞云祥龙
银模　铜圈
径二寸五分

长寿玉圭
银模　铜圈
直长三寸

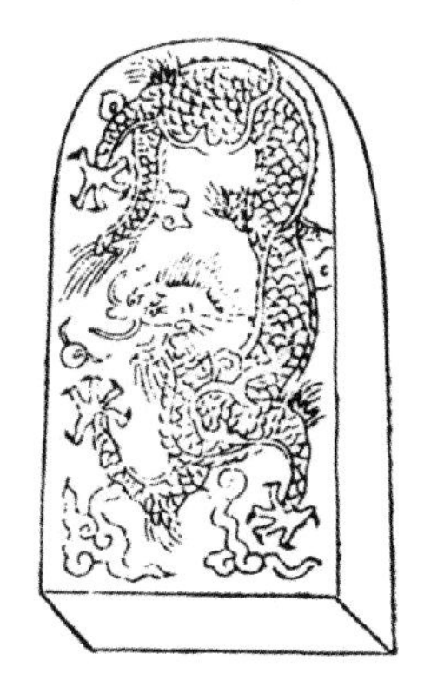

兴国岩銙
竹圈　模
方一寸二分

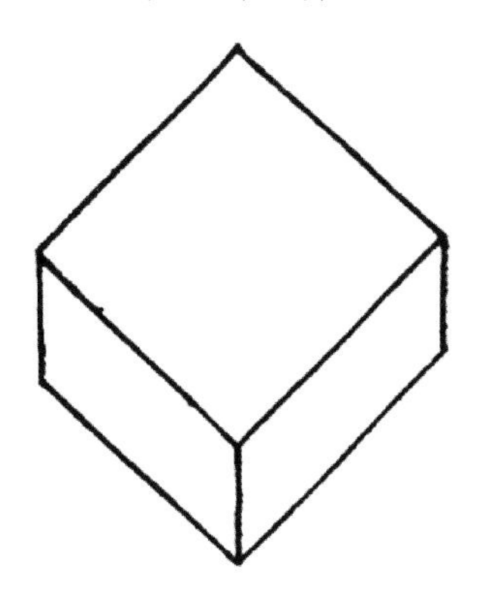

香口焙銙
竹圈　模
方一寸二分

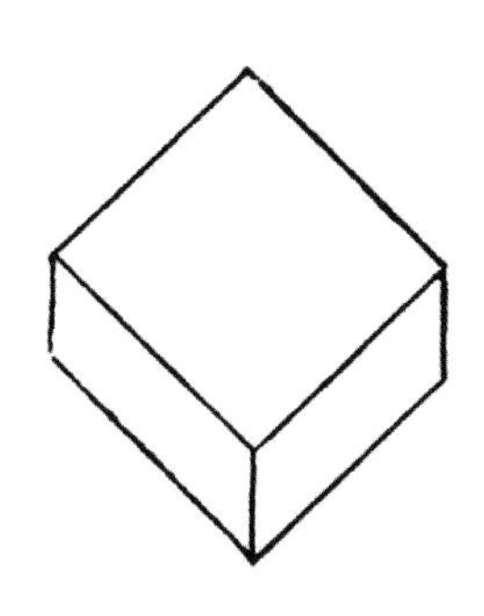

上品拣芽
银模　铜圈
径二寸五分〔继壕按〕《说郛》此条脱分寸。

新收拣芽
银模　铜圈
径二寸五分〔继壕按〕《说郛》此条脱分寸。

太平嘉瑞
银模　铜圈
径一寸五分

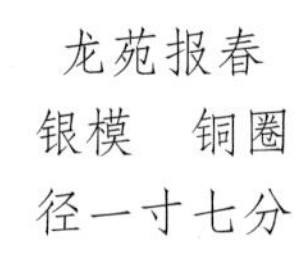

龙苑报春
银模　铜圈
径一寸七分

南山应瑞
银模　银圈
方一寸八分

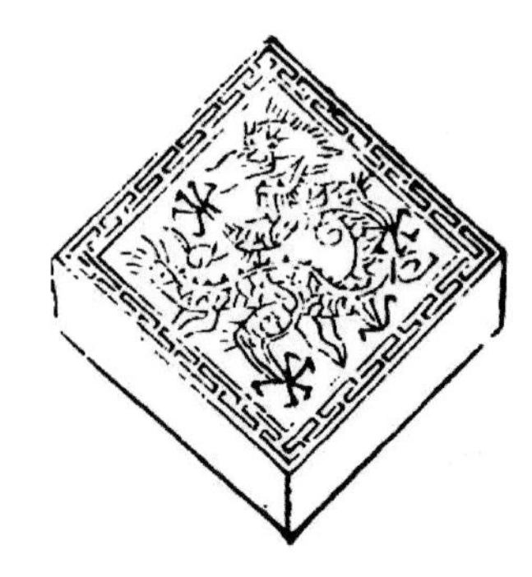

兴国岩拣芽
银圈　银模
径三寸

小龙
银圈　银模
径四寸五分〔继壕按〕《说郛》此条脱分寸。以下即接“小龙”，注云“上同”，当同兴国岩拣芽分寸也。此本下接“大龙”，与《说郛》次第异。

大龙
银模　铜圈

小凤
银模　铜圈
径四寸五分

大凤
银模　铜圈
〔按〕《建安志》载，銙式有方圆大小，式无龙凤，则以竹为圈，其制有龙凤者，用银、铜为圈。

御苑采茶歌十首并序

先朝漕司封修睦，自号退士，尝作《御苑采茶歌》十首，传在人口。今龙园所制，视昔尤盛，惜乎退士不见也。蕃谨摭故事，亦赋十首，献之漕使，仍用退士元韵，以见仰慕前修之意。

云腴贡使手亲调[17]，旋放春天采玉条。伐鼓危亭惊晓梦，啸呼齐上苑东桥。

采采东方尚未明，玉芽同护见心诚。时歌一曲青山里，便是春风陌上声。

共抽灵草报天恩，贡令分明龙焙造茶依御厨法。使指尊。逻卒日循云堑绕[18]，山灵亦守御园门。

纷纶争径蹂新苔，回首龙园晓色开。一尉鸣钲三令趋，急持烟笼下山来。采茶不许见日出。

红日新升气转和，翠篮相逐下层坡。茶官正要龙芽润，不管新来带露多。采新芽不折水。

翠虬新范绛纱笼[19]，看罢人生玉节风。叶气云蒸千嶂绿，欢声雷震万山红。

凤山日日滃非烟[20]，剩得三春雨露天。棠坼浅红酣一笑，柳垂淡绿困三眠。红云岛上多海棠，两堤宫柳最盛。

龙焙夕薰凝紫雾，凤池晓濯带苍烟。水芽只是宣和有，一洗枪旗二百年。

修贡年年采万株，只今胜雪与初殊。宣和殿里春风好，喜动天颜是玉腴。

外台庆历有仙官，龙凤才闻制小团。〔按〕《建安志》：庆历间，蔡公端明为漕使，始改造小团龙茶，此诗盖指此。争得似金模寸璧，春风第一荐宸餐[21]。

先人作《茶录》，当贡品极盛之时，凡有四十余色。绍兴戊寅岁，克摄事北苑，阅近所贡，皆仍旧，其先后之序亦同。惟跻龙园胜雪于白茶之上，及无兴国岩、小龙、小凤。盖建炎南渡，有旨罢贡三之一而省去之也。〔按〕《建安志》载，靖康初，诏减岁贡三分之一。绍兴间，复减大龙及京铤之半。十六年，又去京铤，改造大龙团。至三十二年，凡工用之费，篚羞之式，皆令漕臣耑之，且减其数。虽府贡龙凤茶，亦附漕纲以进，与此小异。〔继壕按〕《宋史・食货志》："岁贡片茶二十一万六千斤。建炎以来，叶浓、杨勍等相因为乱，园丁散亡，遂罢之。绍兴二年，蠲未起大龙凤茶一千七百二十八斤。五年，复减大龙凤及京铤之半。"李心传《建炎以来朝野杂记・甲集》云："建茶岁产九十五万斤，其为团胯者，号腊茶，久为人所贵。旧制，岁贡片茶二十一万六千斤。建炎二年，叶浓之乱，园丁亡散，遂罢之。绍兴四年，明堂始命市五万斤为大礼赏。五年，都督府请如旧额发赴建康，召商人持往淮北。检察福建财用章杰以片茶难市，请市末茶，许之。转运司言其不经久，乃止。既而，官给长引，许商贩渡淮。十二年六月，兴榷场，遂取腊茶为场本。九月，禁私贩，官尽榷之。上京之余，许通商，官收息三倍。又诏：私载建茶入海者，斩。此五年正月辛未诏旨，议者因请鬻建茶于临安。十月，移茶事司于建州，专一买发。十三年闰月，以失陷引钱，复令通商。今上供龙凤及京铤茶，岁额视承平纔半，盖高宗以赐赉既少，俱伤民力，故裁损其数云。"先人但著其名号，克今更写其形制，庶览之者无遗恨焉。先是，壬子春，漕司再葺茶政，越十三载，乃复旧额。且用政和故事，补种茶二万株。政和间曾种三万株。次年益虔贡职，遂有创增之目。仍改京铤为大龙团，由是大龙多于大凤之数。凡此皆近事，或者犹未之知也。先人又尝作《贡茶歌》十首，读之可想见异时之事，故并取以附于末。三月初吉，男克北苑寓舍书。

北苑贡茶最盛，然前辈所录，止于庆历以上。自元丰之密云龙、绍圣之瑞雪龙相继挺出，制精于旧，而未有好事者记焉，但见于诗人句中。及大观以来，增创新銙，亦犹用拣芽。盖水芽至宣和始有，故龙园胜雪与白茶角立，岁充首贡。复自御苑玉芽以下，厥名实繁，先子亲见时事，悉能记之，成编具存。今闽中漕台新〔继壕按〕《说郛》作"所"。刊《茶录》，未备此书，庶几补其阙云。

淳熙九年冬十二月四日，朝散郎、行秘书郎兼国史编修官、学士院权直熊克谨记。

注释

①陆羽：唐代人，字鸿渐，复州竟陵（今湖北天门）人，著有《茶经》，被誉为"茶圣"。②裴汶：唐代人，生卒年不详，曾在唐宪宗时代为官。著有《茶述》，原书已佚，有辑本。③閟（bì）：幽深。④毛文锡：字平圭，高阳（今河北高阳）人。唐代进士，后任蜀翰林学士，官至司徒。著有《茶谱》，今有陈祖槼、朱自振《中国茶叶历史资料选辑》及陈尚君《毛文锡<茶谱>辑考》两种辑本。⑤紫笋：茶名。以下腊面、研膏、京铤、石乳、的乳等，皆为茶名。其不同之处在于茶叶原料、工艺等方面。⑥庶：平民百姓。⑦丁晋公：即丁谓。苏州长洲（今属江苏）人，字谓之，后改字公言。宋淳化三年（992）进士。咸平中，任福建路漕使，创龙凤团茶充贡。撰《北苑茶录》录其团焙之数，图绘器具，及叙采制入贡法式，今已不传。⑧蔡君谟，即蔡襄。见"蔡襄《茶录》"节介绍。⑨《茶论》：即《大观茶论》。⑩一枪一旗：芽尖细如枪，叶开展如旗，故名。⑪周绛：字干臣，常州溧阳（今江苏溧阳）人。宋太宗太平兴国八年（983）进士。《文献通考·经籍考》著录其著作《补茶经》一卷，并引"晁氏曰：皇朝周绛撰。绛，祥符初知建州，以陆羽《茶经》不载建安，故补之。又一本有陈龟注。丁谓以为茶佳，不假水之助，绛则载诸名水云"。《补茶经》已佚，王象之《舆地纪胜》卷一二九引录《补茶经》文，云："天下之茶，建为最。建之北苑，又为最。"⑫舒王：即王安石（1021—1086），字介甫，号半山，临川（今江西抚州）人。徽宗崇宁间追封舒王。⑬郑公可简：郑可简，浙江衢州人。政和间任福建路判官，以新茶进献蔡京，得官转运副使，宣和间任转运使。⑭纲：唐、宋时成批运输货物的组织。⑮浃日：古代以干支纪日，称自甲至癸一周十日为"浃日"。⑯昌黎：指韩愈（768—824），字退之，河南河阳（今河南孟州）人。曾撰《感二鸟赋》。⑰云腴：茶的别称。⑱逻卒：巡逻的士兵。⑲翠虬：青龙的别称，此处指贡茶上的纹饰。⑳滃（wěng）：形容云气腾涌的样子。㉑宸：借指帝王。

思考题

1. 请解释"建安斗试，以水痕先者为负，耐久者为胜"的意思。
2. 请总结《大观茶论》描写点茶时所用的比喻。
3. 请试着分析北苑贡茶命名特点与文化。

第九章　实践项目

茶学是一门实践性极强的学科，从茶的栽培育种到生产加工，再到审评检验、品饮，都离不开具体的实践。本章节设计三个实践项目，注重发现问题、解决问题与创新的能力，以期在具体实践中加深对宋代点茶文化与艺术的认识。

第一节　宋代蒸青饼茶制作实践

一、引言

蒸青饼茶制作技术是国人探索茶叶加工与茶叶色香味之间关系的重要一环，是制茶史上的关键一页。《北苑别录》记录了以建茶为代表的宋代蒸青饼茶的制作工艺，《宣和北苑贡茶录》则展示了北苑贡茶的大体形制，为当今宋代蒸青饼茶制作工艺复原提供了重要的文献资料。本实践可与“制茶学”课程配合，利用茶叶加工室的设备，尝试制作宋代蒸青饼茶。

二、实践目的

深入提取与解读茶史文献中与制茶相关的历史信息；尝试复原宋代蒸青饼茶制作工艺，掌握蒸青饼茶制作工艺要点，记录相关参数；制作点茶所需的茶叶原料；研究蒸青工艺与点茶呈现效果之间的关联。

三、实践设备与材料

茶青原料，蒸锅，研茶钵，木杵，纱布，造茶模具，烘焙箱等。

四、实践方法与步骤

（1）采茶。清明前后，采摘一芽二叶的细嫩茶叶。
（2）拣茶。分拣采下的茶叶，拣出有损于成茶品质的白合、乌蒂及盗叶等。
（3）蒸茶。要求蒸透，以抑制酶活性。
（4）榨茶。以纱布包裹，放入木榨中挤压，挤去茶汁。
（5）研茶。置于研茶钵，以木杵捶捣，并加水反复捣研。
（6）造茶。将研好的茶放入棬模中压制成形。
（7）过黄。烘焙至里外干透。

五、讨论

（1）选择不同的茶树品种制作，并对品质加以对比；
（2）蒸茶时，铺放茶叶的厚度以及蒸青时间的设置；
（3）造茶时，模具的设计，包括圈与模等；
（4）烘焙时，温度与时间的设置。

第二节　宋代点茶艺术实践

一、引言

宋代点茶极具技巧和艺术美感，赵佶《大观茶论》对点茶之程式作了较为详细的记述。点茶中，击拂手法是最为关键的步骤，赵佶将注汤、击拂细分为“七汤”，每一次动作及汤花都有描述，为点出一盏汤白沫匀的茶汤提供了重要的文献资料。本实践重点操作点茶法的步骤与技术操作要领。

二、实践目的

掌握点茶的程式和关键技术，记录茶末细碎度、水温、投茶量、茶水比对于点茶茶汤的影响；探讨以不同茶类及不同釉色茶盏点茶时，茶汤呈现的效果。

三、实践设备与材料

茶盏、茶筅、汤瓶、砧椎、茶碾（或茶磨）、茶罗、茶帚、茶巾、水盂、风炉、电水壶等。

蒸青茶饼或不同茶类的茶饼。

四、实践方法与步骤

（1）备器。将点茶所用器具备齐，并按照合理的位置摆放。

（2）末茶。是制备茶末的阶段，包括碎茶、碾茶、罗茶三个步骤。先用绢纸将茶叶包裹，用砧椎捶碎。再将碎茶移至碾或磨，研磨成末。捶碎后要立刻碾，茶色才会白。避免因长时间放置，茶叶氧化导致茶色变暗。碾成茶粉后再用罗筛筛滤，使茶末更细致。

（3）煮水。选用优质山泉水或矿泉水，先将水放入电热水壶煮沸，再注入汤瓶，放置风炉上加热保温。也可直接将水注入汤瓶，放在风炉上加热煮沸，感受候汤时水沸的变化。

（4）熁盏。点茶时，须先把茶盏烤热。如果没有风炉等生火条件，也可先以沸水烫盏，然后再将烫盏之水注入水盂。

（5）注水、点茶。取约 2 g 茶粉置入茶盏，加少许沸水，用茶筅调成膏状。然后边注汤边用茶筅击拂点茶，击拂时控制好手腕力度与速度，待汤面变白，汤花细碎、均匀时提筅出盏（图 9-1）。

图 9-1　点茶艺术实践

（6）分茶。将点好的茶汤依次均匀地分到小茶盏，并端给客人品鉴。

（7）品饮。品饮前先欣赏汤色和沫饽的均匀度，然后轻啜一口，细品茶汤的滋味，感受茶汤醇厚回甘的口感。

（8）赏具。品完茶汤，再捧起茶盏，欣赏茶盏，感受其艺术魅力。

（9）收具。将点完茶汤的器具一一收回，清洗、整理并归位。

五、讨论

（1）采用不同茶类、不同细碎度的茶末点茶，对比汤花的色泽和沫饽的变化。

（2）对比不同釉色茶器、投茶量、水温、击拂力度等因素，点茶汤花的呈现效果。

（3）试着在点茶、分茶时，体会如何注汤击拂才能呈现出如宋徽宗“七汤”点茶中“疏星皎月、珠玑磊落、粟文蟹眼、云雾、凝雪”的纹理变化。

第三节　宋代茶书抄写与书法实践

一、引言

宋代书法以蔡襄、苏轼、黄庭坚、米芾为代表人物，其中蔡襄擅长正楷，行书和草书，苏轼曾云：“独蔡君谟天资既高，积学深至，心手相应，变态无穷，遂为本朝第一。然行书最胜，小楷次之，草书又次之……又尝出意作飞白，自言有翔龙舞凤之势，识者不以为过。”黄庭坚也说：“苏子美、蔡君谟皆翰墨之豪杰。”蔡襄传世墨迹有《自书诗卷》《谢赐御书诗》《陶生帖》《郊燔帖》《蒙惠帖》墨迹多种，碑刻有《万安桥记》《昼锦堂记》及鼓山灵源洞楷书“忘归石”“国师岩”等珍品。此外，蔡襄《茶录》有自书拓本传于世。本实践从蔡襄茶书法出发，从基本的临摹碑帖、抄写茶书开始，倡导沉浸式、修养式的学习，进而拓展至不同茶事场合书法艺术的运用。

二、实践目的

欣赏中国传统书法艺术，了解汉字文化，陶冶个人情操；以抄书的形式，加深对茶书原典的学习；灵活运用书法艺术，为茶事活动增添雅趣。

三、实践设备与材料

笔（毛笔、秀丽笔、钢笔、水性笔等）、墨、纸、帖、毛毡、水盂等。

四、实践内容

（1）临摹宋帖蔡襄《茶录》。

（2）选择一种宋代茶书，并抄录一遍（图 9-2）。

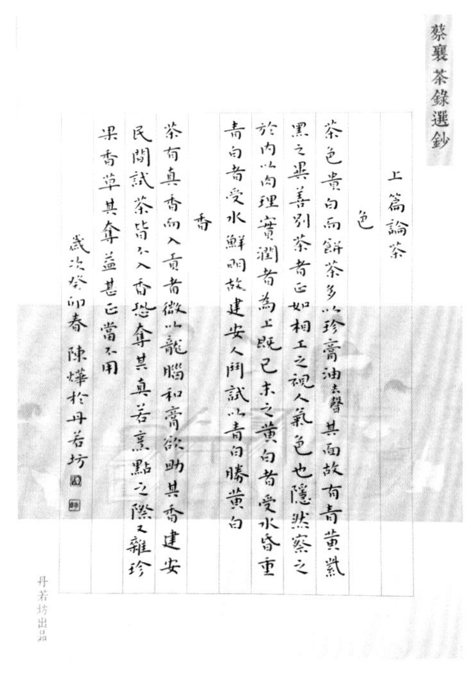

图 9-2 《茶录》小楷作品（陈烨 书）

（3）备好笺纸，为一场茶会手书请柬、茶谱。

五、讨论

（1）讨论宋徽宗赵佶“瘦金体”的“天骨遒美，逸趣蔼然”之风格；

（2）研习茶会请柬与茶谱的撰写格式；

（3）讨论纸上作字与茶汤上作字的不同。

附　录

蔡襄《茶录》古香斋宝藏蔡帖绢本

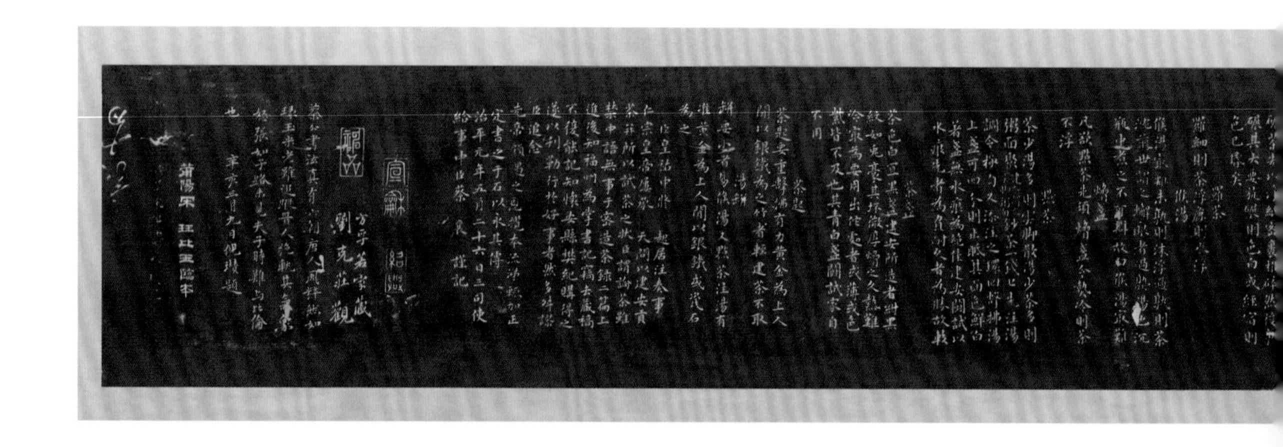

古香齋寶藏蔡帖 卷二

絹本茶録

朝奉郎右正言同修起居注臣蔡襄上進

臣前因奉事伏蒙
陛下論臣先任福建轉運使日所
進上品龍茶最為精好臣退念艸
木之微首辱
陛下知鑒若處之得地則能盡其
材昔陸羽茶經不第建安之品丁
謂茶圖獨論採造之本至於烹試
曾未有聞臣輒條數事簡而易明
勒成二篇名曰茶録伏惟
清閒之宴或賜觀采臣不勝惶懼
榮幸之至謹敘

上篇論茶

色

茶色貴白而餅茶多以珍膏油
其面故有青黃紫黑之異善別茶
者正如相工之視人氣色也隱然
察之於內以肉理實潤者為上既
已末之黃白者受水昏重青白者
受水鮮明故建安人鬭試以青白
勝黃白

香

茶有真香而入貢者微以龍腦和
膏欲助其香建安民間試茶皆不
入香恐奪其真若烹點之際又雜
珍果香艸其奪益甚正當不用

味

茶味主於甘滑惟北苑鳳凰山連
屬諸焙所產者味佳隔谿諸山雖
及時加意製作色味皆重莫能及
也又有水泉不甘能損茶味前世
之論水品者以此

藏茶

茶宜蒻葉而畏香藥喜溫燥而忌
濕冷故收藏之家以蒻葉封裹入
焙中兩三日一次用火常如人體
溫溫以禦濕潤若火多則茶焦不
可食

炙茶

茶或經年則香色味皆陳於淨器
中以沸湯漬之刮去膏油一兩重
勝負之說曰相去一水兩水

下篇論茶器

茶焙

茶焙編竹為之裹以蒻葉蓋其上
以收火也隔其中以有容也納火
其下去茶尺許所以養茶色香味
也

茶籠

茶不入焙者宜密封裹以蒻籠盛
之置高處不近濕氣

砧椎

砧椎蓋以碎茶砧以木為之椎或
金或鐵取於便用

茶鈐

茶鈐屈金鐵為之用以炙茶

茶碾

茶碾以銀或鐵為之黃金性柔銅
及鍮石皆能生鉎不入用

参考文献

著作类

陈祖椝，朱自振. 中国茶叶历史资料选辑［M］. 北京：农业出版社，1981.
滕军. 日本茶道文化概论［M］. 北京：东方出版社，1992.
［日］永井宗圭. 炉の茶花［M］. 京都：淡交社，1993.
余悦. 问俗［M］. 杭州：浙江摄影出版社，1996.
朱自振. 茶史初探［M］. 北京：中国农业出版社，1996.
廖宝秀. 宋代吃茶法与茶器之研究［M］. 台北：台北故宫博物院，1996.
刘学君. 文人与茶［M］. 北京：东方出版社，1997.
孙洪升. 唐宋茶业经济［M］. 北京：社会科学文献出版社，2001.
江静，吴玲. 茶道［M］. 杭州：杭州出版社，2003.
张忠良，毛先颉. 中国世界茶文化［M］. 北京：时事出版社，2006.
关剑平. 文化传播视野下的茶文化研究［M］. 北京：中国农业出版社，2009.
朱自振，沈冬梅. 中国古代茶书集成［M］. 上海：上海文化出版社，2010.
［日］冈仓天心著，谷意译. 茶之书［M］. 济南：山东画报出版社，2010.
〔明〕文震亨著，李瑞豪编著. 长物志［M］. 北京：中华书局，2012.
章志峰. 茶百戏：复活的千年茶艺［M］. 福州：福建教育出版社，2013.
刘勤晋. 茶文化学（第三版）［M］. 北京：中国农业出版社，2013.
裘纪平. 中国茶画［M］. 杭州：浙江摄影出版社，2014.
刘凌沧著，郭菡君整理. 刘凌沧讲中国历代人物画简史［M］. 天津：天津古籍出版社，2014.
关剑平，［日］中村修也. 陆羽《茶经》研究［M］. 北京：中国农业出版社，2014.
孙机. 中国古代物质文化［M］. 北京：中华书局，2014.
扬之水. 两宋茶事［M］. 北京：人民美术出版社，2015.
沈冬梅. 茶与宋代社会生活［M］. 北京：中国社会科学出版社，2015.
刘勤晋，李远华，叶国盛. 茶经导读［M］. 北京：中国农业出版社，2015.
廖宝秀. 历代茶器与茶事［M］. 北京：故宫出版社，2017.
［加］贝剑铭著，朱慧颖译. 茶在中国：一部宗教与文化史［M］. 北京：中国工人出版社，2019.
李远华，叶国盛. 茶录导读［M］. 北京：中国轻工业出版社，2020.

叶国盛. 中国古代茶文学作品选读［M］. 上海：复旦大学出版社，2020.
张渤，侯大为. 武夷茶路［M］. 上海：复旦大学出版社，2020.
关剑平，［日］中村修也. 荣西《吃茶养生记》研究［M］. 北京：中国农业出版社，2020.
黄杰. 两宋茶诗词与茶道［M］. 杭州：浙江大学出版社，2021.
刘馨秋. 中国农业的“四大发明”：茶叶［M］. 北京：中国科学技术出版社，2021.
叶国盛. 武夷茶文献辑校［M］. 福州：福建教育出版社，2022.
刘勤晋. 中华茶生态文化［M］. 未刊稿.

论文类

严志方. 试论茶园间作［J］. 中国茶叶，1985（2）：36–37.
胡平生. 北宋大观三年摩崖石刻《紫云坪植茗灵园记》考［J］. 文物，1991（4）：80–84.
沈冬梅. 宋代的茶饮技艺［J］. 中国史研究，1999（4）：104–114.
滕军. 日本茶道与中国文物［J］. 日本学刊，2001（1）：140–150.
丁以寿. 中国饮茶法流变考［J］. 农业考古，2003（2）：74–78.
李恩宗. 论宋代榷茶法的变革［D］. 济南：山东大学，2008.
况腊生. 浅析宋代茶马贸易制度［J］. 兰州学刊，2008（5）：147–150.
滕军. 论日本茶道的若干特性［J］. 农业考古，2009（2）：240–248.
陶德臣. 宋代茶叶生产的发展［J］. 古今农业，2010（2）：44–56.
乐素娜. 中国茶叶博物馆“宋代点茶”表演亮相中日韩三国茶艺交流［J］. 茶叶，2010，36（4）：207.
朱丽. 略论宋代的制茶工艺［J］. 文教资料，2011（9）：76–78.
朱存芳. 十至十二世纪建州茶研究［D］. 曲阜：曲阜师范大学，2012.
韩旭. 中国茶叶种植地域的历史变迁研究［D］. 杭州：浙江大学，2013.
陈云飞. 宋代茶文化与点茶用具［J］. 收藏，2014（7）：36–44.
陶觉逊. 宋代茶叶运销路线述论［J］. 茶业通报，2014，36（1）：19–21.
虞文霞. 宋徽宗《大观茶论》成书年代及“白茶”考释［J］. 农业考古，2015（5）：188–191.
章传政. 试析宋代茶业创新及其启示［C］. 第十四届国际茶文化研讨会论文集，2016：255–261.
郭桂义. 宋代的茶树栽培和茶园管理技术［C］. 第十四届国际茶文化研讨会论文集，2016：268–272.
王建平. 试述唐宋时期的名茶［J］. 农业考古，2018（2）：173–180.
卓力. 宋代点茶法的审美意蕴研究［D］. 成都：四川师范大学，2018.
关剑平.《文会图》与宋代分茶茶器［J］. 茶博览，2019（11）：54–60+9.

李璟. 略论宋代茶叶的生产与流通［J］. 福建茶叶，2019，41（3）：251–252.

徐睿瑶，李良松. 释宋代的“分茶”和“点茶”——兼释“茶”与“汤”［J］. 云南农业大学学报（社会科学版），2020，14（5）：156–162.

路国权，等. 山东邹城邾国故城西岗墓地一号战国墓茶叶遗存分析［J］. 考古与文物，2021（5）：118–122.

张宪林，等. 陆羽煎茶法茶汤的模拟及品质分析［J］. 安徽农业大学学报，2021，48（6）：1013–1018.

郑慕蓉. 点茶技艺的历史演变与时代价值［J］. 普洱学院学报，2022，38（4）：40–43.

鲁成银. “中国传统制茶技艺及其相关习俗”非遗申报解读［J］. 中国茶叶，2023，45（2）：49–53.

图书在版编目(CIP)数据

宋代点茶文化与艺术/张渤,叶国盛主编. —上海:复旦大学出版社, 2024. 1
茶学应用型教材
ISBN 978-7-309-17047-4

Ⅰ. ①宋… Ⅱ. ①张… ②叶… Ⅲ. ①茶文化-中国-宋代-教材 Ⅳ. ①TS971. 21

中国国家版本馆 CIP 数据核字(2023)第 215434 号

宋代点茶文化与艺术
SONGDAI DIANCHA WENHUA YU YISHU
张 渤 叶国盛 主编
责任编辑/方毅超

复旦大学出版社有限公司出版发行
上海市国权路 579 号 邮编: 200433
网址: fupnet@ fudanpress. com http://www. fudanpress. com
门市零售: 86-21-65102580 团体订购: 86-21-65104505
出版部电话: 86-21-65642845
上海盛通时代印刷有限公司

开本 787 毫米×1092 毫米 1/16 印张 7. 25 字数 158 千字
2024 年 1 月第 1 版第 1 次印刷

ISBN 978-7-309-17047-4/T · 743
定价: 58. 00 元

如有印装质量问题,请向复旦大学出版社有限公司出版部调换。
版权所有 侵权必究